一本病變影像實錄，還有關於切開後的那些故事⋯⋯

妮可病理解剖書

NICOLE ANGEMI'S ANATOMY BOOK

A CATALOG OF FAMILIAR, RARE, AND UNUSUAL PATHOLOGIES

妮可. 安潔米 Nicole Angemi───著

蔡承志───譯

本書獻給

任何曾被說沒救了的人……

目 次

自序
意外踏入的精采病理學旅程

◆

我和其他育有三名子女的已婚中年婦女沒什麼不同。我開車送孩子去參加足球比賽和柔術訓練，與家人共度電影之夜，我會煮晚餐，也喜歡在居家環境四周做點手工藝。喔，除此之外，我還解剖人體！

除了身為人妻與人母之外，我還是病理學助理。病理學助理是接受過醫療培訓的專業人員，在醫院的病理學部門工作。病理學助理專門研究人體解剖學、異常解剖學和各種疾病。有些病理學助理在醫院的外科病理學實驗室服務，負責解剖從患者身上移除的器官和身體部位；有些則在醫院的太平間執行驗屍工作。

在我的整個事業生涯中，我運用專業培訓和臨床經驗，解剖了幾千具屍體和人體各部位。經由仔細檢視解剖結構，我能夠判定哪些是正常的，哪些則是導致患者在生前或死後出現病理狀況。

我在成長過程中，從未感到「正常」或喜歡自己所處的環境，直到認識病理學之後，才開始改觀。我是在發現了異常之後，才終於開始感到正常。這就是召喚！小時候，我討厭上學，而且學業成績並不好。由於厭煩念書和個性叛逆，我經常惹麻煩。課後留校察看、短期停學、父母頻繁接到學校的來電等等，這些都只是成長過程所遇到問題的表面。固執和衝動的性格，最終導致我在十四歲時就懷了孕。

經歷了好幾個月的憤怒和悲傷之後，父母和我認為，對於這個家和我們的信念來說，最好的情況就是留下孩子。十五歲那年，我生下了女兒瑪麗亞（Maria）。保住她是我做過最好的決定。事實上，她還救了我一命。

身為未成年的未婚媽媽，面對社交和課業都十分艱難。我在學校應付交友和約會問題，我的生活跟所認識的任何人都不一樣。懷孕後的那幾年，我過得很辛苦。我有一個孩子，但自己也還是個孩子，正嘗試找到自己的路。十六歲那一年，我從高中輟學，沒有真正的人生方向，只是不斷地換工作。

幾年後，父母接到政府通知，被告知我和我女兒都不會再納入他們的健保

範圍。當時，我只有十九歲，必須盡快找到一份附帶勞健保的工作。那時，我對任何事都提不起興趣，但最後算是因禍得福。我被迫收拾自己的爛攤子。

記得我提過自己討厭學校嗎？我真的不喜歡。每每一想到上學，就會打瞌睡。突然間，我在決定成為一名護理師之後，於1999年夏季進入當地的一所社區學院就讀。

為什麼我會選擇護理師的工作？這可不是基於我富有同情心，抱持撫育照料的心願，或者想幫助別人。我有個親戚是有執照的護理師。她不到三年就成就了那份扎實、可靠又有豐厚收入的事業。在那時，「只要在學校裡讀完短期課程」對我來說是一個非常強大的激勵因素。

1999年，學院課程尚未採用線上註冊。我必須看目錄選課，還得排隊好幾個小時才能完成註冊。選課之前，我先與一位輔導員面談，並表明自己的意願。她告訴我，必須從四門基礎課程開始：數學、英語、心理學和生物學。我對於接下來會有什麼情況絲毫沒有任何概念，畢竟，我幾乎沒有上過高中！

在生物學課的第一天，教授告訴我們，整個學期要學習的教材。以一個討厭上學的人來說，我對於要學習的內容，很快就產生濃厚的興趣。

幾天後，我們初步認識了顯微鏡。首先，我們觀看一份剪報，學習如何調整顯微鏡上的接物鏡。接下來，我的老師拿了一片洋蔥皮，幫我們把它安放在一片顯微鏡載玻片上。在顯微鏡下，我能看到洋蔥的內部運作：植物細胞。就在那一刻，我愛上了科學。

過了幾週，我開始期盼上學，特別是生物課。這門學科學起來非常開心，而且我竟然都讀得懂，這更令人興奮。生物學基礎課程是大部分院校學生必修的一門課。教授不只注意到我的興趣，還很高興有這麼一個學生對她所講授的內容深感興趣。

有一天，我們在課後聊天，我開玩笑說：「我希望能找到一份整天看顯微鏡，而且還能賺錢的工作。」教授頓時眼睛一亮。她告訴我，有機會喔！

除了教學之外，我的教授還在當地一家醫院的微生物實驗室擔任醫事檢驗師。她的工作內容，包括了確認致病細菌，以及協助醫師判別該開哪種抗生素給患者。她引領我進入一個我先前不知道的世界。所以，忘了當護理師這回事吧，我想當一個科學家！

當時，我還無法跑回家上網搜尋關於醫學實驗室的所有事項，因為當時谷歌（Google）還不成氣候！在1990年代晚期，我家和網際網路根本沒有什麼

連結。我家有一台電腦，網際網路只能經由電話線連接。在理想狀態下，連上網際網路大概得花二十分鐘，而且一旦電話鈴響，它就會把我踢下連線。所有關於我未來事業的搜尋都必須採取老派作法——藉由與人交談！

教授幫我和其他實驗室專業人員建立聯繫，最終讓我找到了在醫院微生物學實驗室的第一份工作。我的工作包括採集尿液、痰液、血液、糞便、鼻液拭子等等，再把採得的樣本擺上洋菜平面（agar plates）。洋菜平面（培養皿）是一種塑膠圓盤，裡面填裝了助長細菌滋生的凝膠。

那所實驗室的許多層面都引起我的興趣。2001年，911事件之後的炭疽攻擊事件，讓我對傳染病和生物恐怖主義產生了興趣。這一切都激發了我使用顯微鏡來更深入認識細胞的願望。

我對於生活的看法，在這麼短的時間內就完全改觀。幾個月前，我一想到必須在社區學院待整整兩年，就感到畏怯。現在的我卻期盼進入大學繼續接受教育。我想要學更多。

在社區學院完成先修課程之後，我轉學進入費城一所大學就讀。我換了工作，這時是在一所大學醫院的較大型實驗室，而且我和當時七歲的女兒也都搬到城裡。

由於我對細胞變化和顯微鏡的興趣十分濃厚，於是主修細胞技術學（Cytotechnology）。細胞技術學是解剖病理學實驗室的一部分，專事以顯微鏡來研究細胞變化，尋找癌症、感染和其他病理徵兆的學科。

我在二十三歲那年畢業，取得了理學學士學位，甚至還獲頒一項「傑出學術成就獎」（Outstanding Academic Scholarship）。對一個討厭念書的高中輟學生來講，這項成就相當不錯！我進入那所大學的附設醫院，受聘為細胞技術專員，往後十年都在那裡工作。

我在那家醫院的前幾年都擔任細胞技術專員。基本上，這就是一份辦公室工作——嗯，或許是一份病態的辦公室工作。我有自己的小隔間，身著專業服裝；不過，雖然穿著雪白亮眼的實驗袍，但在顯微鏡下分析的卻是採自陰道、體液和精液的樣本。

在醫院工作的那幾年過得很好，而且我從來不覺得自己在「工作」，我是去做自己喜歡的事情，還與興趣相同的一大群人共處。有生以來，我第一次感到自己很能融入環境之中。

儘管我喜歡在顯微鏡下檢視疾病細胞，但也開始對這份工作的重複性感到厭煩，不再覺得充滿挑戰。我考慮回學校繼續深造，卻對於要學什麼感到茫

然。由於我喜歡研究傳染病，流行病學在我的清單上名列前茅。直到有一天，人生使命變得清晰了起來。

某一天早上，我坐在自己的小隔間裡，聽到走道上傳來一陣騷動。所有人都大感震驚，那是一股惡臭，只能形容為填滿死魚和腐肉的垃圾堆所發出的氣味。那股氣味十分怪異，挑起了我的好奇心，想知道它是從哪裡傳來的。接著，我聽到令人難忘的那幾個字——「腿冰箱壞了。」

那是什麼？腿冰箱？我有很多問題要問。

我沿著廊道走到轉角處，進入一間先前沒見過的實驗室。牆上有一塊標示牌寫著「總體室」（Gross Room）。「總體室」是什麼？我很好奇。

進入實驗室後，那股氣味引領我來到漏水的冰箱前。我簡直不敢相信自己的眼睛。那裡有一台玻璃門大型冰箱，就像你在披薩店裡會看到的那種擺放兩公升瓶裝碳酸飲料的冰箱，只不過這台冰箱裡放的是有點恐怖的東西：人腿！

透過冰箱的玻璃門，我看到四、五個紅色的生物危害袋，分別完美包紮成一條腿的形狀。我不敢相信眼前的景象，然而，房間裡的所有人只是繼續工作著，彷彿沒事一般。

當患者身上出現壞疽等病理狀況，或者有些人由於身體損傷導致截肢，他們的斷肢就會被送到病理科接受檢驗。斷肢在檢驗前後都會儲放在冰箱裡。那股惡臭是壞疽和人體腐敗的混合氣味。

最令人震驚的部分是，我在這家醫院這堵牆的另一側工作了整整兩年，卻完全不知道我後方有一台裝滿人體部位的冰箱。事實上，我對「總體室」內所發生的一切，完全沒有概念。

「總體室」是一種外科病理學實驗室，專責檢驗人體器官、人體部位和從患者身上移除的異物。「總體」（gross）一詞指稱「肉眼尺度檢查」，意思是只以肉眼檢視而不使用顯微鏡時，組織看起來呈現什麼模樣。所以「總體室」就是「檢體處理室」。

我請一位住院醫師帶我四處參觀，結果她帶我走往更深入的實驗室內部。在那裡，我看到一些員工坐在擺了砧板和刀具的桌台旁，但那裡並不是廚房。他們在切割人體部位！巨大的卵巢、結腸、闌尾……，應有盡有！我從來就不知道有這個世界。我的內心湧起一股衝動，很想戴上手套，拿起刀具開始解剖。就在那天，我決定轉換職涯。我不知道那份工作叫什麼，或者我的教育程度夠不夠應付，也不知道我是否還得回頭入學深造。我只知道自己要去那裡工作，不管需要做什麼，我都會努力。

我和一些同事聊過以後，得知從事這份工作不必具有醫師資格，我的學士學位就足夠讓我踏入這一行。得到這項資訊後，我走進病理科主任辦公室，詢問能不能請調部門。起初，他試圖說服我不要做這份工作。他說，我現在的工作更輕鬆，也乾淨得多，不過我並不在乎。

不久後，我在一家當地大學發現一套課程，完成後就可以拿到病理學助理碩士學位。

這個學位能充實我的病理學知識，賦予我在病理學實驗室工作所需的技能，並讓我有資格教導醫學生和住院醫師。最後，我說服了主任，他同意讓我調部門。我們達成協議，我會在檢體處理室擔任技師，領細胞技術專員的薪水，直到我從病理學助理學校畢業，到時候就有資格加薪了。不到一個月，我就進入檢體處理室工作，然後不到一年，開始上病理學助理學校。

這段期間，我也必須完成第一次驗屍觀摩。這是一種奇特的經驗，讓人湧現很多複雜的情緒。我已經很習慣切割人體器官，不過它們並沒有臉孔！

當我首次觀看驗屍時，最詭異的部分是，我和其他五個人一起待在房間裡，卻只有我滿心震撼，有一具屍體就躺在那裡！現場沒有人感到畏懼。我努力表現得冷靜，卻總是盯著這個幾小時前還活著的亡者，實在很特別。當然，我很快就克服了這種處境，也立刻迷上了眼前所見。那時候，我並不知道自己會那麼喜歡驗屍，起初這工作如排山倒海而來，也不是我感覺有信心能獨力完成的事。

身為病理學助理學生，我們必須觀察並執行多次驗屍。最後，一位導師認為我已經準備好，可以單獨做一次。時至今日，第一次單獨驗屍，成為我所做過最令人作嘔的過程之一。

那具大體呈現綠色，腫脹、腐爛，長滿蛆。很噁心，卻是學生最理想的學習對象。這個人不會有瞻仰遺容的正式葬禮；所以，倘若我的切割做得不理想也無所謂。儘管蛆爬上我的手臂，還有人體腐敗氣味整天鑽進我的鼻腔，我的第一次驗屍仍然算是成功了。

我做得愈多，就愈喜歡執行這項工作，超過涉及外科病理學的解剖作業。驗屍的謎題，在於必須使用種種不同的發現，來解答一個人為什麼死亡，這讓我十分著迷。

我身為擁有全職工作的單親媽媽，還要顧及課業，實在很難兩全。儘管如此，我仍然在兩年內取得碩士學位，還通過了證照考試，成為有執照的病理學助理。最後，根據當初的協議，上司告

訴我：「妳現在是病理學助理了，好好做吧！」

她說得對。我已經完成培訓，通過了證照考試，儘管對自己的能力依然不太肯定。這是我第一次肩負全責，沒有導師在旁引領提攜。

我慢慢地做完驗屍工作，執行了受訓時所學到的一切事項。當我取出肋骨時，看到他的心臟包膜很大，而且呈現紫色。我之前沒見過這種情況，但知道這是什麼病理現象。這實在令人興奮。

我打電話給那週負責驗屍的病理學家。在此之前，我和他只不過是點頭之交。我拿起太平間裡那具沾血的電話並通知他，我發現了有趣的東西，請他下來看一看。

他來到太平間，我指給他看那名患者的心臟。他相當興奮地說：「妳知道這是什麼嗎？」我說之前沒見過，不過我想那是「心包填塞」（cardiac tamponade）。我正確地回答了他的問題，讓他變得更興奮。

心包填塞是指當血液從主動脈或心臟流出並進入心包，在心包囊膜內部填滿血液的情形。心臟每次跳動，囊膜就會累積愈來愈多的血液，最終限制心臟，讓它再也無法正常跳動，於是患者就會死去。

那位病理學家和我小心翼翼地打開心包膜，查找血液是從哪裡流出，結果是主動脈破裂。

經歷那次驗屍之後，我對自己的能力更有自信了，而且我和那位病理學家也累積了深厚的交情。

我們對於這個肉眼的發現同感振奮。每次，我只要在外科病理學和驗屍作業發現很酷的東西時，都會指給他看，甚至連他沒值班時也同樣如此。

他的熱忱很有感染力，讓我想要更深入學習。我每天都向他討教，像塊海綿般吸收他的知識。很快的，他和我就開始嘗試在部門開創重大變革，來改善住院醫師和醫學系學生的教育。

就讀病理學助理學校時，我的兩位導師舉辦了一場「檢體研討會」（gross conference），現場陳列著一些由病理學助理驗屍時取得的器官，並說明他們如何判定死因。來自全院（病理科、外科、放射科等）的住院醫師、醫學系學生和內科醫師，也參與討論在那些器官中見到的檢體變化，研判患者為什麼死亡。我認為這種多學門途徑是醫療專業人員的最佳學習方法，而且我希望把它引進我的醫院。

我們舉辦了第一場檢體研討會，而且取得巨大的成功（就多數人來講）。檢體研討會會場設在太平間。我把外科病理學和驗屍有趣案例的器官，取出來

擺在一旁，放在我從自助餐店偷來的托盤上（別擔心，我沒有歸還這些托盤！）我向院內的所有醫師和醫學生發出邀請函，結果來參加的人多得令人吃驚。我心中設想大概會出現五到十人，最後總共來了五十多個人！會場完全客滿，太平間人潮洶湧，有些人還進不來。我真正感到自己對於改善醫師教育及強化患者照護，做出了一些貢獻。

不幸的是，就像生活中的任何事情，當你做對了某件事，總會有人討厭它。幾位男性病理學家不能接受檢體研討會，可能因為那不是他們的點子。畢竟，一個教育程度較低的年輕女性，能夠引起其他部門對病理學的興趣和熱情，這正是他們經過多年嘗試依然辦不到的。他們沒有加入我們的行列，而是決定跟我們唱反調。

檢體研討會才辦了幾次，部門負責人就把它取消了，因為太平間對訪客來說「太髒了」。我心力交瘁，不知道接下來要做什麼。我非常喜愛病理學，卻不知道該如何釋放這股能量。

下班後，我會把有趣的發現記下來，並與在學校所學的內容進行比較。這樣做了幾週之後，我決定把筆記整理完整，轉變成部落格的內容。最後，關於我在網路上經營部落格的消息傳開了，全院醫師都來一探究竟。我的親友也開始感興趣了。顯然，這不僅僅是醫學專業人士才會感興趣的事，我身邊的人也有興趣認識人體，而我也渴望與世界分享自己的工作！

2013年，我的男友（現任丈夫）建議我把這些圖片和敘述放上Instagram（以下簡稱IG）。我向他提出的第一個問題是：「Instagram是什麼？」那時，我並沒有使用任何社群媒體，對這些也不感興趣。

他給我看那個應用程式和整體概念，但我就是不明白。幸運的是，我有個十八歲的女兒來為我示範該如何駕馭它。

當時的IG比較有適應性（之前的演算法），使用主題標籤來傳播知識也相對容易。後來，我終於掌握了訣竅，可以在沒有女兒的協助下定期發文。短短幾週內，我就有了兩千多名追蹤者。不只是我的同儕有興趣閱讀這些成果，還有其他人對病理學也產生興趣。

那時候，我的生活一片混亂。全職工作、新婚、家裡有個社區學院的學生、一個學步兒，肚子裡還有第三胎。發文到IG比維護部落格容易，而且在我的檢體研討會遭到停辦之後，也再次激發了我對專業的熱情。不幸的是，當IG刪除我的帳號時，那令人振奮的激情也很快就消弭了。面對這種處境，我

就像任何女強人那樣，縮在沙發角落絕望地哭泣。

　　儘管我想放棄，丈夫仍然鼓勵我繼續嘗試。每次建立一個新的帳號，追蹤總數都會水漲船高，接著又會被IG停用。我兩度經歷了這種雲霄飛車的起落，直到最後現有的帳號@mrs_angemi才終於站穩腳步。如今我有將近兩百萬名追蹤者。

　　我在IG上的旅程並不輕鬆，儘管我的作品多半受到讚譽，肯定仍然有一部分人討厭我。有些人多年來始終致力要「取消」關注，因為他們覺得，這些圖像應該保留給專業人士。我不同意。所有人都有資格和能力來認識自己的身體。由於我得與IG的審查持續奮戰，因此把大部分的素材轉移到一個稱為「檢體處理室」（The Gross Room）的私人部落格。

　　把我的作品分享出來之後，最令人料想不到的層面是與世界各地喜愛病理學的同好建立聯繫。這些年來，我收到了好幾百條訊息和照片，都是來自分享其個人故事的追蹤者。我的IG社群替我研擬出撰述本書的構想。

　　多數人是受到圖像的吸引才開始追蹤我，不過，最後也像我一樣希望能更深入學習。我想製作一本類似病理學教科書的著述，不過，並不只是寫給在醫療和病理學界工作的人士，而是要寫給所有人閱讀。我也想把它寫得很有趣，因為教科書很沉悶！人們想要認識疾病，但也想了解伴隨個人經驗呈現的豐富細節！

　　　　　　　　　　── 妮可・安潔米

病理解剖學基礎速成課

我已經在社區學院讀了六年的生物學、解剖學和病理學，但你不必這樣做。在深入研究本書呈現的案例之前，請先參加妮可・安潔米的病理解剖學基礎速成課！

人類就只是凡人

人類是生活在地球上最複雜也最聰明的動物。不管你喜不喜歡，我們就是動物。一旦拿走我們的汽車、電話、電腦和社群媒體，我們就跟其他動物一樣了。既然是動物，就必須認識基本演化和生物學原理，我們這個物種才能存續。這就是重點，對吧？

在科學界，人類被歸類為智人（Homo sapiens）。智人是一種哺乳類動物，跟貓、狗等其他哺乳類動物具有一些相同特性。我們的體表有毛髮，是溫血性的，身體在解剖學上是為了胎生產子並哺乳餵養嬰兒而設計的。還有一點讓哺乳類動物有別於其他動物，那就是我們具備高度複雜的大腦。智人擁有所有生物中最複雜的腦子。

人類就像其他動物，也有個目的：我們想活下去。人類跟其他動物一樣，也有本能，不過，人類還具有批判性思維，以及隨之而來的選擇。人類並不是完全根據本能來做出所有的選擇，也憑藉情緒做出抉擇。人類跟動物界其他種類不同的地方是，我們能違抗生物學。在生物學上，智人生來就是雜食性（肉食及植食者），但我們也可以違背生物學，選擇吃素。人體的解剖結構具備繁衍後代的功能，不過，我們可以選擇不生育。我們每天所做的選擇，都是在做正確的事維持健康、冒險享受人生，以及快樂生活之間取得平衡。

由於人類都希望生存並享受生活，醫學方面的進步，不只能延長人類的壽命，還能提高生活品質。生育治療、藥物治療、整容手術、性別重置和減重手術，是人類特有的改變這個物種演化的幾項進展。看到人類這個物種在往後幾百年間會如何演化，一定相當有趣。

二十一世紀，人類在醫學方面已經取得了長足的進展，但成果還稱不上完善。儘管醫學看來很先進，但大部分仍然還算是實驗。醫師、健康專業人員和

研究人員，是世界上最受敬重的專家。然而，他們依然無法掌握醫學。生而為人的他們，也不過就是凡人。他們使用自身的經驗及接受的教育，加上批判性思維，來拯救生命並進一步推動醫學發展，然而，他們本身也會犯錯，也會遇上倒楣的日子。

大體是活人的老師

執行現代驗屍最酷的其中一點是，我眼中所見的解剖結構，與數千年前的醫師和解剖學家所研究的解剖結構完全相同。當年，並沒有教科書或高度精密的電腦斷層掃描儀，只有刀具與屍體。

幾千年來，不斷有屍體被解剖，專家的發現也被記載下來。有一點從一開始就很清楚，那就是多數人都有相同的解剖結構。1800 年代的醫學書籍所呈現的解剖描繪，和現代醫學插圖所展示的相同。

由於多數人都具有相同的解剖結構，於是醫學便創造出「常態值」，表示多數人都落入這些參數之內。常態值很有用，這樣我們就能辨識身體的某個狀況出了差錯。舉例來說，女性心臟的常態重量為 250 克到 300 克。有些人的心臟重 220 克，有些人的心臟重達 310 克；不過，這些依然位於常態範圍之內。然而，在驗屍時，倘若心臟重達

700 克，就表示出了問題。

目前，這顆星球上大約有七十億人口，然而，完全符合教科書圖像或描述的正常人，卻連一個都沒有。有些人的身體具有些微的解剖差異，有些人的身體有嚴重的缺陷。每個人都是獨一無二的，所以，這個世界才會變得這麼刺激。倘若每個人都一樣，生活會變得何等無聊！

幾千年來，人類的解剖結構並沒有太大的變化，改變的是病理學。病理學是研究疾病和解剖結構異常現象的學問。1821 年的平均預期壽命（如果妳在分娩後活了下來），大約為二十九歲。當時驗屍發現的死因，想必有許多都是傳染病所致。由於驗屍和醫學進步，有許多傳染病如今已經根除了。到了二十一世紀，平均預期壽命約為七十八歲。我們比祖先多活了將近五十年！現今驗屍的一種常態發現實例，在兩百年前還未曾見過，那就是與肥胖相關的死亡。

對於醫學界的任何人來說，要想了解病理學，首先就必須知道解剖結構（事物的外觀）和生理學（事物如何運作）的常態參數為何。我們必須先知道什麼是對的，才能知道什麼是錯的。

基礎生物學始於細胞，每顆細胞都有個職掌。這些細胞形成各種組織，例如脂肪、肌肉、結締組織等；這些組織

形成器官；器官進而形成器官系統；接著，這些器官系統便形成人體。

人類的死因可以區分為四類，或就是四種死亡方式：自然、意外、兇殺（死於他人之手，可以是故意的或因疏忽）和自殺（死於自身行為）。活得長久又健康的關鍵，是要認識可能讓我們死亡的方式。這是生命的病理方式：自然疾病、意外事故、自殺或受他人傷害。

人的一生有幾百萬種經歷自然病理歷程的可能方式，不過，罹患病變只能依循兩種不同方式：

1. **先天的**。這是在誕生之前產生的病理歷程。這些病症可能是遺傳自親代的基因突變，也可能是胎兒發育期間出現的問題。

身為人類，我們全都從兩顆細胞開始。一顆來自母親（卵子），另一顆來自父親（精子）。人體要經歷許多步驟才能形成，最開始是精卵結合的受孕片刻，這就稱為受精。細胞藉由相互複製而成長。一旦卵子和精子細胞結合，它們就開始分裂。這是人類經歷病理狀況的第一個可能時間點。如果有一個親代出現基因突變，就有可能傳遞給孩子。病理狀況也可能發生在發育中的胎兒，這就不是肇因於某種遺傳獲得的突變。

2. **後天的**。指稱我們並非先天具有，而是在生命歷程中患染的病理狀況，可能是感染、受傷或環境暴露（包含故意的和非故意的）。

病理學是個偏執狂

每位醫師都必須要能區辨病理狀況，才能縮小病症的可能範圍，以免延誤治療或誤診。然而，安排每位病患每年做一次全身電腦斷層掃描來檢視體內狀況，既不經濟也不實際。醫師必須根據患者的病史，包括其年齡、性別、人種和職業等等來推測，藉以縮小範圍。

由於病理的可能狀況無窮無盡，醫學也創造了參數或常見狀況。在醫學界，最常見的狀況是普遍發生於某特定族群民眾的疾病或病症。

病理學根本就是種族歧視、性別歧視和年齡歧視者——什麼歧視都有。不過，這是有充分理由的。

病理學的人種和族裔

由於病理狀況可以是遺傳的，某些疾病和病症在某些人種或族裔當中會更盛行。病理狀況也可能是後天罹患的，可能與某些社會經濟生活方式相關。

阿什肯納茲猶太後裔（Ashkenazi Jewish，註：德國萊茵蘭一帶的猶太人後裔）民眾罹患特定疾病的風險較

高，例如：泰—薩克斯病（Tay-Sachs disease）。這是一種遺傳性疾病，患者的身體無法分解脂肪化合物，因此這類化合物便會在患者的腦中堆積並損害神經細胞。這種疾病最常見的形式，通常是新生兒在出生後幾個月內開始出現症狀，不到幾年，其症狀就會發展為失明和癱瘓，而他們也會在四歲時死亡。所幸，有一種基因檢測可以用來辨識親代是否具有這類基因。不過，為地球上所有想生兒育女的人安排做泰—薩克斯病檢測很不實際，特別是已經知道那種疾病頻繁發生在特定族群中。

鐮狀紅血球貧血症是一種遺傳性疾病，最常見於黑人族群。

在正常狀況下，我們的紅血球呈現圓形，但鐮狀紅血球貧血症患者的血紅素（紅血球的輸氧蛋白質）是有缺陷的，導致紅血球具有新月形外觀。鐮狀紅血球貧血症會讓患者非常痛苦，因為異常的血球無法順利流經血管和各個器官，還有可能造成栓塞。

遺傳性疾病大多數傳承而來，這顯現了「自然汰擇」這種基本演化原理的一個徵兆。自然汰擇是大自然用來消滅具有不良特徵的族群，以此來控制人口的方法；這類疾病通常會滅絕所有罹患這種疾病的人。不過，鐮狀紅血球貧血症並非如此。

研究人員已經發現，住在瘧疾盛行地區或者祖先在那些地區居住的人士，就是罹患鐮狀紅血球貧血症的最高風險群。看來，這種特徵是一種生物學優勢，因為瘧疾寄生蟲只能存活在漂亮的圓形細胞上。

病理學中的年齡因素

病理學在不同年齡層展現出不同的風貌。儘管多數醫院都能治療所有年齡層的患者，仍有專門診治年幼者（小兒科）和年長者（老人醫學）的區隔醫學領域。這是由於醫師的診斷和治療方法採取不同途徑所致。

幼兒出現症候群時，可能是肇因於先天性病症（與生俱來的）。就成人而言，這種可能性就低得多了。

有些病理狀況，特別是某些惡性腫瘤類型，只會發生於兒童身上。

神經母細胞瘤（neuroblastomas）是見於兒童的惡性腫瘤，十歲之後才罹患這類腫瘤的情況極端罕見。另一方面，結腸癌幾乎完全見於成年人。

其他類型的病理狀況，有些只見於特定年齡層，例如，冠狀動脈和骨關節炎這類病症都是老化的常見徵兆，而成長障礙則是兒童疾病。

病理學中的性別因素

一個人與生俱來的生物性別，是一個重要的病理學屬性；但可別把它和一個人的「社會性別」（gender）身分搞混了。社會性別並不是生物性的；這是社會性的，指稱社會為男女分別制定的規則、特性和行為。多數人的生物性別和社會性別身分兩相一致，但有一些人就不是。

就生物性而言，性別並非兩種。多數人誕生時，若不是男性（XY染色體），擁有一套男性生殖系統，就是女性（XX染色體），具有一套女性生殖系統。這適用於多數人，卻不是所有人皆是如此。在某些情況下，嬰兒出生時並沒有清楚確立他們是男性或女性，這就稱為「雙性人」（intersex）。很可能是X和Y染色體（性染色體）在受孕時出了問題。這些染色體決定了一個人會成為哪種性別，也造就了可以讓我們辨別男性或女性的影響因素，例如性荷爾蒙，會將體毛和乳房尺寸等性別特徵，賦予人類。

儘管雙性人是很少被提出來討論的課題，卻比你所想的更常見。根據統計，全世界人口有2%是雙性人，相當於全世界的紅髮人口數量。

儘管如此，由於大多數人不是男性就是女性，醫療專業人員很容易藉由了解患者出生時為哪個性別，來縮小病理歷程範圍。

某些疾病和病症較常見於出生時為女性的患者，例如乳癌。另有一些病理狀況，比較常見於出生時為男性的患者，例如主動脈瘤和攝護腺癌。

我們知道大體是活人的老師，不過，活人能教我們什麼？本書納入一百多則遞交給我的獨特病理案例，來自於世界各地！

我們從這些案例學到的最大教訓就是，了解我們身體的人是自己，而不是醫師。通常，對患者來說最好的結果，往往出自醫師連同患者共同診斷出他們的病理狀況之際。畢竟，除了醫師眼前檢視的那副人體之外，再也沒有人對那具人體認識得更深。

病理狀況有可能發生在任何細胞、任何器官、任何年齡層、任何人種和任何性別。發生在任何人身上！本書只是可能病理狀況的一小部分。

—— 妮可・安潔米

ABDOMEN 腹部

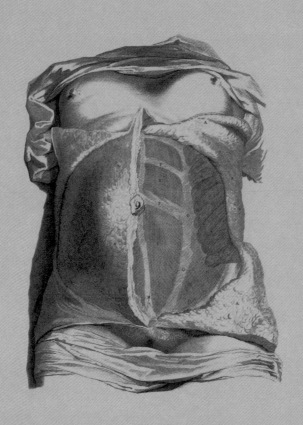

　　腹壁是由皮膚、肌肉和筋脈所構成的多層次系統，其作用包括保護內臟，並將胃腸道約束在體腔內。腹壁病理狀況可能肇因於先天性病症、創傷，或在成年期產生的異常現象。腹壁病理狀況的範圍很廣泛，從微恙到更為嚴重的情況都有。

EAGLE-BARRETT SYNDROME
伊格和巴雷特症候群

伊格和巴雷特症候群又稱為「梨狀腹症候群」(Prune Belly syndrome)，因為這類嬰兒天生局部或完全缺失腹壁肌肉，使肚腹呈現一種梨狀皺褶外觀。目前還不清楚這種罕見病症的起因。梨狀腹症候群發生在胎兒發育期間，通常伴有其他缺陷，特別是在泌尿道方面。

案例：32歲／紐西蘭 · 北帕默斯頓市 (Palmerston North)

梨狀腹症候群是一種罕見疾病，一般常見於男性，不過也有女性經診斷確認罹病。這位患者的母親在懷孕時所接受的產前照護中，沒有包含超音波檢查。母親分娩後，患者經診斷罹患梨狀腹症候群，還有嚴重的泌尿道缺陷。患者從小就接受了腹膜透析（註：洗腎的方式之一，俗稱「洗肚」），並在十二歲時摘除了腎臟，改採血液透析。患者在摘除腎臟的五年後，接受移植了來自死後器官捐贈者的一顆腎臟，不過，在往後的幾年之內，她還是得回診接受血液透析。腹膜透析和血液透析都是在腎臟無法發揮功能之後，用來移除血中廢物的醫療處置。

梨狀腹症候群的成年患者，每年必須做一次膀胱造影和膀胱鏡檢查。整體來講，這名患者很健康，不過由於她曾經接受過多次手術，留下傷疤組織，導致腹部疼痛不適。我想，未來她應該不必再為這個病症接受其他手術了。

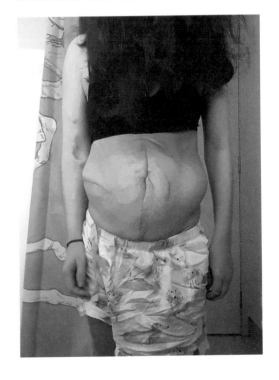

案例：18個月／美國・加州蘭卡斯特市（Lancaster）

這名患者在十九週大的胎兒時期，就經診斷罹患了梨狀腹症候群。他的雙親被告知最好進行人工流產，因為「他很可能無法長到足月大，即便順利出生，在臍帶切斷之後，他也無法自

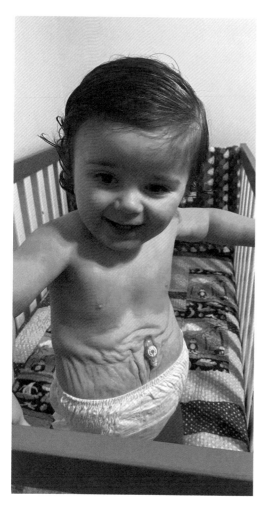

主維繫生命」。然而，在十八個月後，他過得很活躍又快樂。其母親在懷孕第三十八週時生下他。就在分娩之前，醫師用一根大針穿透母親的肚腹，試著排出胎兒腹腔的一些液體，但沒有成功。由於超音波顯示胎兒的腹部太大，醫師認為胎兒無法經由母體產道自然分娩，於是採行剖腹生產。

這名患者在出生時就有開放性臍尿管，這是在膀胱和肚臍之間的一種異常開口。他在新生兒加護病房待了兩個月，接受了多種醫療處置，包括一次膀胱造廔術（vesicostomy），以利於防範他嚴重受損的腎臟再次損傷。這種外科手術是在皮膚上造出一道開口，好讓尿液排放出來。

到了這個時期，患者的腎臟損傷已經運用藥物和特殊飲食控制住了，不過，往後他很可能必須做一次腎臟移植。由於患者出生後的第一年較少待在家裡，大部分時間都在醫院裡度過，因此身體發育遲緩。由於他的腹部無法套上衣褲，因此很難替他穿衣服，而且他還必須包裹雙重尿布，以免膀胱造廔口漏尿。儘管有醫療上的難度，但這個小男孩已經適應了，他熱愛生命！

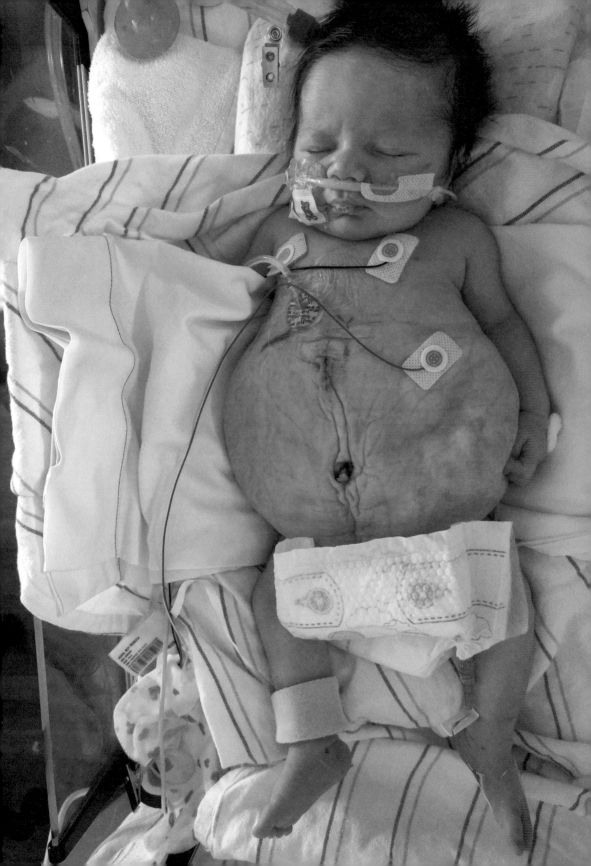

ENDOMETRIOSIS 子宮內膜異位症

案例：37歲／英國·德文郡普利茅斯市（Plymouth）

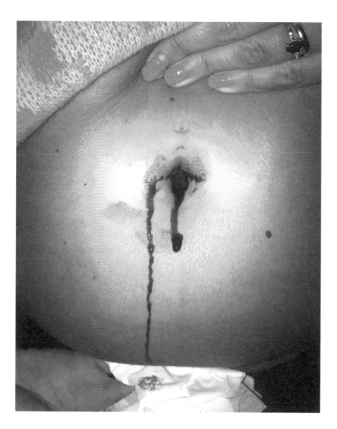

兩年前，這名患者注意到肚臍上長了一個結節。六個月後，那顆結節慢慢增長變大，不過她並不在意。後來，結節轉為瘀青色澤，於是她決定到醫院檢查。醫師檢查後，建議她接受手術摘除；不久，結節破裂，流血不止。

於是，結節經手術移除後，被送往病理科化驗，經診斷為子宮內膜異位症，這是子宮內膜腺（endometrial gland）長到子宮腔之外的病症。

子宮內膜腺是襯墊於子宮的細胞群。這類腺體每天會隨著月經週期不斷改變，負責為子宮做好懷孕的準備。倘若女性沒有懷孕，這些腺體就會壞死並脫落。子宮內膜腺的脫落現象，也稱為月經或生理期。

子宮內膜異位症可能發生在體內的任何位置，最常見發生於骨盆腔內各處。

就這個案例而言，子宮內膜異位症在患者的肚腸上形成一個結節，並在腹壁上一個稱為「臍疝氣」的小缺口處向外推擠。子宮內膜異位症的發作，類似子宮內部之子宮內膜腺，會隨著每次月經週期增大並崩解。基本上，患者的肚臍就像擁有月經週期！

LINEA NIGRA 妊娠線

案例：48歲／美國・猶他州鹽湖城

幾年之前，我的小姑懷了一對雙胞胎，她的皮膚出現了懷孕期常見的狀況，稱為妊娠線，這個詞的拉丁文是 linea nigra，直譯為「黑線」。

所有人的皮膚都有一種黑色素細胞（melanocyte），這類細胞帶有一種稱為黑色素（melanin）的生物色素。一個人的黑色素數量，決定了他的膚色；黑色素數量愈多的人，膚色就愈深。

孕婦的這種狀況起因不明。不過，據信這是由於激素（hormone）釋出，促使黑色素細胞產生更多黑色素所致。懷孕期的「黑線」，實際上並不是黑色，而是深褐色。這種深色色素只是該身體部位的黑色素增加所致。除此之外，這類激素的釋出，還會導致身體其他部位的深色皮膚色素沉著，包括讓乳頭的顏色變深。

並不是所有孕婦的皮膚上都會出這種黑線；然而，與膚色白皙的女性相比，深膚色女性似乎更常出現妊娠線。

我的小姑最早是在懷孕約五個月時，注意到身體出現妊娠線。她懷雙胞胎到足月，分娩後不到一個月，那條線就消失了。

（註：hormone 的音譯名詞為「荷爾蒙」，正式醫學名詞為「激素」，指稱由內分泌腺所製造的化學物質，目前除了「性荷爾蒙」之外，其他大多譯為○○激素。）

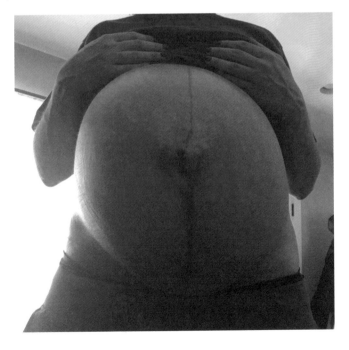

ADRENAL GLAND 腎上腺

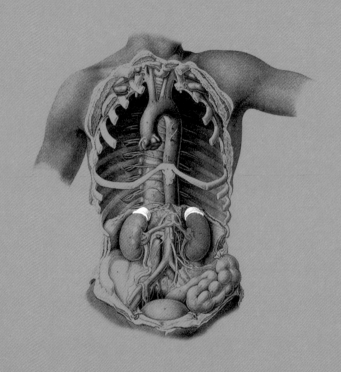

　　腎上腺是細小的扁三角形腺體，位於兩邊腎臟的頂部。可別被它們的細小尺寸誤導了；它們所扮演的角色對身體至關重要！腎上腺具有許多層次，每一層都由負責生產特定激素的細胞所組成。腎上腺激素的功能，包括調節血壓、代謝、免疫系統、身體對壓力的反應，以及性荷爾蒙。這個腺體的疾病會導致這類激素分泌過多或過少，對身體造成破壞性的影響。

ADDISON'S DISEASE　愛迪生氏病

◆

案例：29歲／加拿大‧安大略省

幾年來，這名患者在非刻意的情況下，出現體重明顯減輕、低血壓和膚色改變等症狀。她知道自己生病了，醫師卻只是輕率地診斷她罹患神經性厭食症（anorexia nervosa）而不再深究。她被告知這些症狀是「自己在腦中設想的」，所拿到的處方是抗憂鬱藥劑。一直到她的體重降到四十公斤，腎臟功能完全衰竭，才引起關注。一位並未參與治療的醫師，在讀過她的檔案以後，主動聯絡她。那位醫師救了她一命，診斷出她罹患愛迪生氏病。

罹患愛迪生氏病，會使得腎上腺無法製造足夠的類固醇激素（steroid hormone）。這可能是一種自體免疫狀況（身體攻擊自己），也可能肇因於其他事項，例如感染和皮質類固醇（corticosteroids）等特定藥物治療所致。愛迪生氏病的症狀，包括體重減輕（圖1），未照射陽光但膚色卻變深（圖2），身體虛弱及低血壓。

圖1

你有沒有注意到已故的前總統甘迺迪，一整年都有一身完美的古銅色皮膚？這並不是因為他每天躺在白宮的玫瑰園裡做日光浴！這是由於他罹患愛迪生氏病。當腎上腺不能生產足量的類固醇激素，結果就會觸發其他激素增產。而這類激素的作用就像興奮劑，能增加皮膚的黑色素。黑色素是賦予膚色的色素，身上的黑色素愈多，膚色就愈深。

於是，這名患者開始接受類固醇治療，而且必須終生服藥。她感覺好多了，只是餘生都得與這個疾病共存。倘若不予處置，這種疾病就會導致危及性命的嚴重症狀，例如低血壓或死亡。

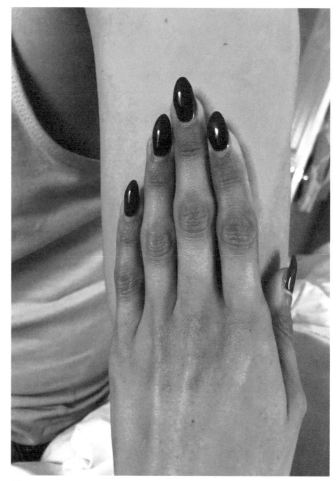

圖2

CUSHING SYNDROME 庫欣氏症候群

案例：23歲／美國・紐澤西州克拉克鎮（Clark）

四年前，這名患者開始出現種種症狀，包括體重快速增加（圖1）、焦慮、憂鬱和記憶力衰退等等。她有幾次前往婦產科就診，起初醫師表示，她的症狀是由壓力引起的，因為她正在就讀社區學院的第一年。最後，醫師同意進行檢查，患者的驗血結果出來以後，被轉診給一位內分泌科醫師。內分泌科醫師專攻人體的內分泌系統；內分泌系統由生產及分泌各種激素的不同腺體所組成，這些激素各自具備不同的功能，包括生長、代謝和性發育。

內分泌學專家可以迅速辨識出，她具有一種名為「庫欣氏症候群」的狀況，不到幾週後，她就收到正式診斷。庫欣氏症候群又稱為「高皮質醇症」（hypercortisolism），發生在身體長期暴露於高皮質醇的情況下。皮質醇是腎上腺製造的「壓力激素」，能調節身體的代謝、免疫系統和人體對壓力的反應。在正常情況下，腺體會全天候根據人體所需，釋出不同含量的皮質醇。倘若體內釋放過多皮質醇，就會導致全身性的廣泛問題，包括了體重快速增加，

或臉形變圓的「滿月臉」（圖2），還有皮膚擴張紋和情緒起伏等等。皮質醇可能受病理狀況的影響而增多，像是腎上腺或腦下垂體的腫瘤，或者肇因於外部因素，例如藥物治療等等。這名患者的庫欣氏症候群，原因不明。自從三年前發作以來，她已經胖了五十二公斤。目前，她接受藥物治療後，症狀逐漸緩解。醫師仍在研究為什麼她的皮質醇會增加，因此她的預後還不是很明朗。

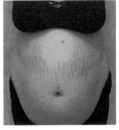

圖1

圖2

PHEOCHROMOCYTOMA
嗜鉻細胞瘤

案例：25歲／美國‧佛羅里達州米拉馬爾市（Miramar）

幾年來，這名患者都在應付逐漸惡化的症狀，包括重度焦慮、嚴重出汗、疲倦和治療無效的高血壓。她曾向多位醫師尋求治療，所有醫師都認為她的症狀起因是焦慮。

所幸，她也在護理學校上課並學到內分泌系統。她得知有一種稱為「嗜鉻細胞瘤」的腫瘤及其相關症狀。她跟醫師提到這一點，卻由於這種疾病相當罕見，醫師不予考量。

有一天，儘管她正在接受高血壓治療，仍然被診斷出患有惡性高血壓（malignant hypertension），這是迅速攀升的極高血壓。若不緊急處置，可能導致心臟病發、中風，甚至死亡。她知道自己有生命危險，於是決定去看專科醫師——一位內分泌學家。

透過磁振造影（MRI）結果顯示，她的腎上腺長了一顆三英寸（約7.6公分）的腫瘤，尺寸宛如一大顆葡萄柚（圖1）！基於磁振造影結果和她的症狀，醫師便診斷出她長了一顆嗜鉻細胞瘤。這類腫瘤大多不是惡性，不過它會導致腎上腺激素分泌失調，引發包括高血壓、出汗、顫抖和心跳加速等症狀。

右頁：圖1

METRIC
INCHES Devon® OR Products & Safety Solutions

ANUS 肛門

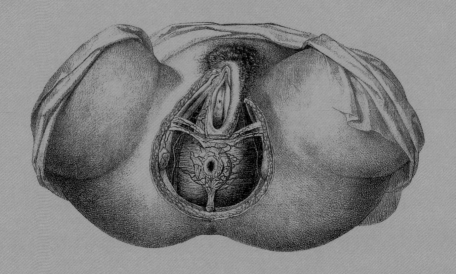

　　這個名詞或許有點好笑，不過肛門病理學可不是開玩笑的。
肛門每天努力工作來清除體內的廢物。我們必須進食才能生存。
食物經攝入且身體吸收所需養分後，殘餘物就會通過肛門排放出
來。倘若肛門運作正常，它很少會進入我們的腦海中。一旦肛門
生病，結果就有可能極端痛苦，並嚴重影響患者的生活品質。

CANCER 癌（惡性腫瘤）

案例：35歲／美國・佛羅里達州墨爾本鎮（Melbourne）

肛門癌和結腸癌並不相同，它更為罕見，而且多數病例是受到人類乳突病毒（HPV）感染才誘發的。人類乳突病毒是一種性接觸感染的病毒，特定毒株能把健康細胞轉為惡性腫瘤。

這名患者在三十四歲時開始出現問題，她原本以為是嚴重便祕，於是向家庭醫師和一位胃腸科醫師諮詢，並做了一次結腸鏡檢查，經診斷為便祕，醫囑改變飲食，並開立軟便劑處方。這次診斷過後幾個月，她跑了好幾次急診，原因是嚴重腹痛和糞便從陰道口排出，但醫師每次都是開立軟便劑，並吩咐回報後續狀況。最後，她和一位外科醫師約診，醫師為她做了一次手指探肛檢查，察覺有一顆腫瘤大得幾乎把她的肛門完全堵塞。由於腫瘤堵住糞便正常出口（肛門），她的身體便形成了名為「直腸陰道瘻」（rectovaginal fistula）的通道，讓糞便得以從她的直腸，經由一條與陰道相通的管道排出。由於糞便從她的陰道滲出，醫師便診斷為「直腸陰道瘻」。

患者住院後，接受一次迴腸造口術，引導腸道繞開腫瘤。肛門腫瘤經組織切片檢查後，診斷她罹患了肛門鱗狀細胞癌（squamous cell carcinoma）三期。不幸的是，由於肛門腫瘤太大，還牽涉到陰道和淋巴結，因此無法以外科手術移除。接下來的療程，包括四週的放射性治療，還造成嚴重灼傷，以至於她又得住院（圖1）接受灼傷治療和疼痛治療。後來，患者的灼傷癒合得很好，兩年內癌症也沒有復發。

然而，她身上的比基尼線留下永久性疤痕，而且性生活並不愉快。目前，她依然帶著迴腸造口生活，但她打算在未來逆轉這個情況。

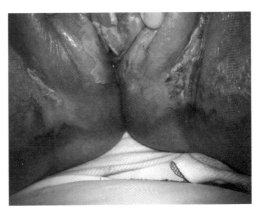

圖1

Hemorrhoids 痔瘡

這名患者在十六歲懷孕之後，就開始出現一些症狀，包括肛門搔癢、坐著時不舒服以及直腸出血。產後就診時，經診斷為內痔和外痔。

肛門的內部和周圍分布了一些靜脈血管。倘若對這些脈管的壓力增強，靜脈就會腫大並突入肛管，這些腫大的靜脈稱為「痔瘡」。痔瘡在妊娠期很常見，因為成長的胎兒會對子宮後方的靜脈施加額外的重量和壓力。

此外，上廁所時用力過度、便祕、低纖維飲食、肛交，還有經常抬舉重物，都有可能導致痔瘡。

一旦罹患痔瘡，患者終其一生就會反覆出現疼痛和不適症狀，也就是痔瘡發作。這名患者在一生中已經多次發作，偶爾痔瘡會腫成宛如櫻桃大小；不過，她能採用一些方法來控制，包括使用痔瘡軟膏、墊褥和坐浴（浸泡直腸部位）。

有時，當腫大靜脈血管的血液阻塞，痔瘡就會變得更嚴重，也更疼痛，這便是「血栓性痔瘡」（thrombosed hemorrhoid）。嚴重痔瘡需要透過更高度侵入性的治療，甚至動手術。

痔瘡始終伴隨她一生。她在第二次懷孕後，又經歷一次發作，並不時經歷這種病症。

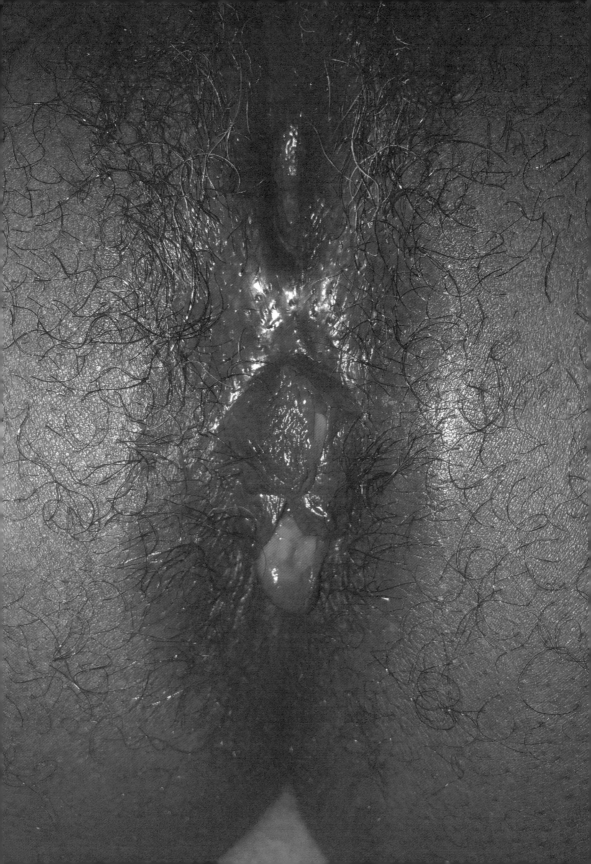

PROCTECTOMY 直腸切除術

案例：28歲／澳洲・堤維德岬（Tweed Heads）

這名患者在童年時期，除了體重減輕、腹部疼痛、倦怠和反胃感之外，還曾多次出現帶黏液和膿液的血性腹瀉（bloody diarrhea）。她在十一歲時，經醫師診斷罹患潰瘍性結腸炎（ulcerative colitis, UC）。

潰瘍性結腸炎是一種發炎性腸道疾病。據信，潰瘍性結腸炎是一種自體免疫狀況，由於身體攻擊結腸襯壁，引發嚴重發炎和潰瘍。這類慢性改變會提高患者罹患結腸癌的風險。

潰瘍性結腸炎患者的症狀，因人而異且大相逕庭。患者可能長時期僅出現鮮少症狀或甚至毫無症狀，接著就是一段段「發作」期，這時他們會經歷嚴重症狀，即便接受治療，仍有可能讓患者變得虛弱，並嚴重影響其生活品質。

起初，這名患者接受多種治療來抑制免疫系統，包括生物性和抗炎性藥物治療以及口服類固醇。不幸的是，她的身體對治療反應不佳。大約五年前，唯一的選擇僅剩下手術。

潰瘍性結腸炎會影響整段或局部結腸。因此，每位潰瘍性結腸炎患者的手術各不相同。依這名患者的情況，醫師最後決定的最佳作法是切除整段結腸，僅保留直腸殘端和肛門，最後，她仍然可以正常如廁。手術過程中，醫師暫時將她的小腸改道，穿過腹部一處開口通往體外，這樣她就可以在等待傷口癒合期間，從這裡排除廢物。那些廢物會排進一個袋子：迴腸造口袋。

手術規畫的下一個階段，是為她造出一段新的直腸，稱為J型貯袋（J-pouch）。J型貯袋是由外科醫師取兩段小腸縫合而成的袋子，作用就像直腸，用來貯放糞便。這段期間，她的小腸依然改道從腹部排出廢物。

不幸的是，手術後那幾年，她的J型貯袋有幾次出現併發症，兩段小腸的縫合處滲漏了好幾次，引發局部感染或膿瘍情況。其中幾次膿瘍比較嚴重，擴散進入血流，造成致命性的感染。

在經過多次治療之後，她的J型貯袋癒合得很好。醫師認為，他們可以將她的小腸從體外重新導回新造好的直

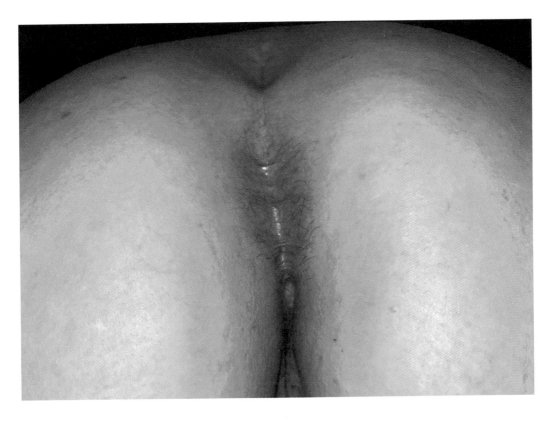

腸。這次手術之後,她就能夠再次通過肛門正常排洩。然而,好景不常,她的J型貯袋繼續引發嚴重併發症,不到五個月,她就被告知需要進行一次更極端的手術:直腸切除術。

直腸切除術完全切除了她受感染的J型貯袋、殘存的直腸和肛門,結果很成功。她的小腸又重新導回腹部,從這裡將廢物排出體外,這次是永久性的。現在,她有一個永久性的迴腸造口袋。

在經歷直腸切除術之後,她已經沒有肛門開口,而她的臀部,如今成為部分潰瘍性結腸炎患者所稱的「芭比屁股」。取這個名稱的理由是,患者有臀部卻沒有肛門口。

經過多年的潰瘍性結腸炎併發症和多次手術折騰,如今,這名患者終於開始恢復正常的生活品質。在與潰瘍性結腸炎對抗的漫長歲月中,她始終得面對愈來愈高的感染機率和併發症風險,不過,她已經熬過了最糟糕的情況。

APPENDIX 闌尾

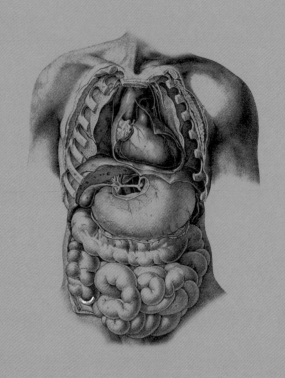

　　人類的闌尾是一種痕跡器官，也就是祖先留下的殘跡。儘管醫學研究顯示，闌尾在某個時間點曾經發揮過某種作用，不過，如今的情況已非如此。科學家不見得知道那是什麼作用；事實上，闌尾的作用依然不明確。由於闌尾具有淋巴細胞，據信它對免疫系統或許有某種貢獻。雖然闌尾對我們沒有多大的作用，不過當它出現病理狀況時，還是會造成很大的問題。

APPENDICITIS 闌尾炎

案例：27歲／美國・維吉尼亞州漢普頓市（Hampton）

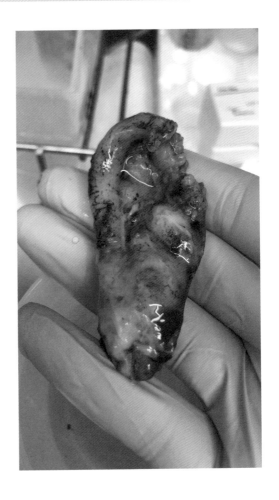

這名患者有憩室病（diverticulosis）和便祕病史。憩室病是結腸腸壁弱化，致使襯壁形成袋狀突起的病症。

有一天，他在上班時突然感到腹部絞痛，隨後返家上了兩次廁所，疼痛依然沒有緩解。到了深夜，疼痛加劇，而且絞痛頻率更高。就在妻子準備送他去急診時，他昏倒了兩次，接著，在妻子要扶他上車時，他又昏倒一次。

到了醫院後，醫師立刻替他做了一次電腦斷層掃描，診斷為闌尾炎，接著就安排進行闌尾切除術。這項外科手術大多採用腹腔鏡（經由腹部的微小切口，並使用攝影機）進行。手術後，他已經完全康復。

他的妻子就在他接受手術的那家醫院工作，而她在病理科看到丈夫的闌尾正在接受檢體檢查時，甚至還拿起他的闌尾來觀賞！

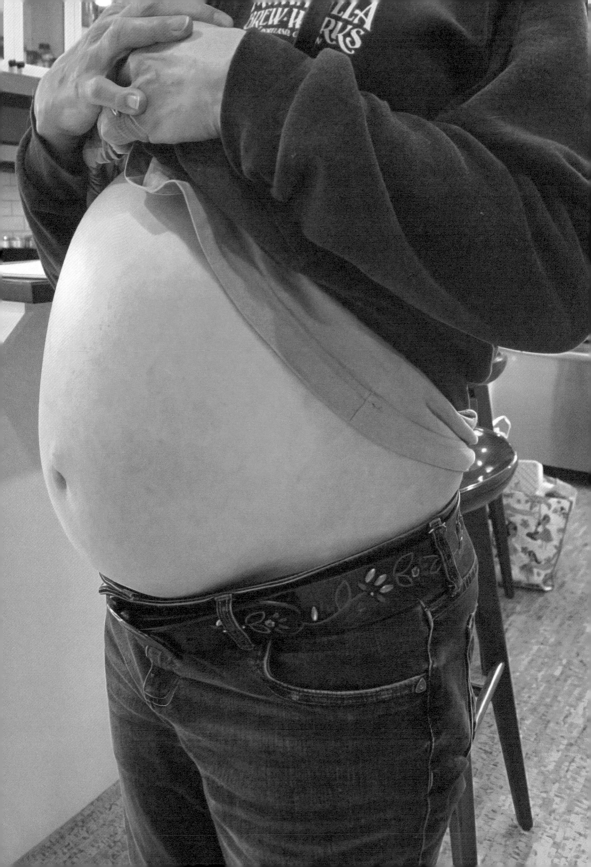

PSEUDOMYXOMA PERITONEI 腹膜偽黏液瘤

案例：59歲／美國·奧勒岡州波特蘭市（Porland）

這名患者最初的症狀是無法憋尿，甚至會在日常散步時漏尿。她認為自己的骨盆底肌群出了問題，打算在疫情解封之後，跟醫師討論這件事。

然而，她的肚腹在兩個月內開始變大，看起來就像懷了身孕，而且她感到非常疲累，身體很不舒服且出現飽脹感。她打電話給醫師，描述自己的症狀，但由於疫情，她整整一個月都無法接受診治。那個月，她的腹部明顯增大，而且感到呼吸困難。

後來，她做了一次超音波檢查和電腦斷層掃描，得知腹部長了一顆大腫塊，說不定是源自卵巢。她被轉診到婦科腫瘤科（專攻女性生殖道腫瘤相關外科），由醫師安排手術。手術中，患者的腹部一被切開，醫師很快就明白是什麼因素讓她的肚腹這麼膨脹，但那個腫塊並非卵巢腫瘤，而是數量可觀的黏蛋白（mucin），經醫師診斷，這名患者體內長了「腹膜偽黏液瘤」。

腹膜偽黏液瘤是一種罕見病症，也稱為「凝膠肚」（jelly belly），患者的腹腔充滿了一種凝膠狀的透明物質——黏蛋白。黏蛋白源自位於腹部或骨盆內某處的腫瘤，最常見於闌尾，也可能出自卵巢、結腸或胃。不過，這名患者的腫瘤並非如最初猜想的源自卵巢，而是產生自闌尾的惡性腫瘤，又稱為「低度黏液性腫瘤」（low-grade mucinous neoplasm）。

目前還不清楚為什麼會發生這類腫瘤，不過，在某些情況下，產生黏蛋白的腫瘤可能擴散至整個腹腔，致使體腔充滿黏蛋白。黏蛋白的累積會導致腹部膨脹並擠壓器官，讓患者感到飽脹，受壓、疼痛和呼吸困難。

手術後，這名患者經轉介給一位結腸直腸外科醫師，該醫師計畫以血液檢驗和造影來監測她的狀況。未來她應該還需要接受更多的外科治療。在接受手術以後，她已經減重超過十三公斤，其中八公斤是從腹部移除的黏蛋白。

ARM 手臂

手臂是人類最重要的身體部位之一，也是讓我們有別於世界上大多數動物的部位。人類是少數能以雙腿行走的動物（兩足動物）之一，而且我們不會把雙臂當作腿來使用，其他動物則多半如此。由於人類是以雙腿直立行走，雙臂讓我們得以同時處理多件事情，對人類這個物種的進化扮演著關鍵性的角色。

TRAUMA 外傷

案例：20歲／美國・北卡羅來納州劉易斯維爾市（Lewisville）

這名患者先前搭乘男友開的車子時，車子在半途猛然撞上路旁的涵洞橋，接著衝向半空中，再撞上一根電線桿和幾棵樹之後才落地。車子在空中翻滾時，天窗破裂，將她的手臂部分截斷，還導致皮膚「脫套」。脫套傷（degloving injury）指的是皮膚遭到撕開，脫離了底下的肌肉、軟組織和骨骼。

事故現場附近的目擊者協助撥打了911（美國緊急求救電話）求救，急救人員立刻趕赴現場，驚訝地發現事故受害人都還活著。患者的男友被拋到車外五十多公尺的遠處，頭部和肩部受傷；而她則依然受困在扭曲的車體內，而且受重傷的那隻手臂還被夾住了，急救人員遇上難題，動用了三種不同工具，設法將她從車內移出來。當時，還有一位醫師前來現場評估斷臂的情況。醫師判定損傷範圍太大，無法挽回斷臂，於是決定在現場截肢，接著將她救出車外。她的斷臂也在隨後被帶到醫院，可惜無法重新接回，後來就被當成醫療廢棄物處置了。

她住院兩週，動了四次手術，包括一次從背部取得皮膚和肌肉移植片來覆蓋傷口。傷口癒合之後，她配製了一個基本款義肢，卻也發現殘臂不裝設義肢會運作得更好。她依然會經歷幻肢痛（感受到不再存在的身體部位）。

在那次意外之後，患者達成一些驚人成就。出院之後，她不到兩週就學會了單手綁鞋帶；不到六個月就返回職場工作，繼續製造私人飛機客艙。她還能烹飪、運動，並以單手替自己綁馬尾。

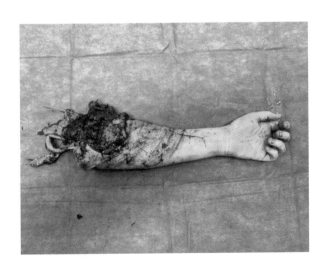

BLADDER 膀胱

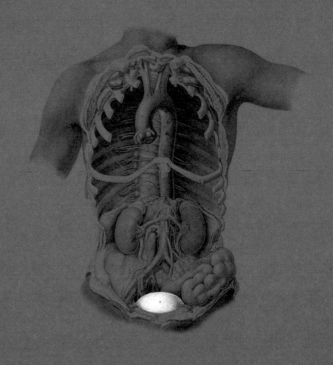

　　膀胱是下尿路的一部分。尿液在腎臟製造，隨後就往下流進輸尿管，注入膀胱這個貯藏容器。膀胱是一個由肌肉組成的中空器官，裝填時會膨脹，清空時就會收縮。我們的膀胱貯存著身體不要的廢棄物。有時，這些廢棄物帶有毒素和致癌物質，特別是化學物質接觸者或者吸菸者的膀胱。這類毒性物質可能會導致膀胱出現病理狀況，特別是在反覆接觸之後。

CANCER 癌（惡性腫瘤）

案例：36歲／美國‧愛達荷州波夕市（Boise）

這名患者從五年前開始出現尿液帶血的情況，並在持續了六到八個月之後，他才終於告訴家人。他的妻子立刻打電話給醫師，後來，他被轉診給一位泌尿科醫師，卻苦等了兩個月之久才進行檢查。那位泌尿科醫師安排他進行磁振造影，並以膀胱鏡檢查其膀胱內部（圖1）。經過診斷，他罹患了膀胱癌，而手術也立刻排定。腫瘤成功移除後，經診斷為非侵襲性的「乳頭狀尿路上皮癌」（papillary urothelial carcinoma），屬於低度惡性。所幸腫瘤是淺層的，很容易透過手術移除，無須

其他治療。不過，患者在餘生中都必須持續接受監測。泌尿科醫師感到很驚訝，因為患者才三十一歲，又沒有明顯的危險因子，竟然會罹患膀胱癌。

膀胱癌和使用菸草及接觸化學物質有高度關聯性，但這名患者沒有這兩種情況。這種疾病也與膀胱襯壁的慢性刺激有關。患者在確診的前兩年，經常為了工作出差，通勤時間很長。當時，他每天喝兩、三瓶能量飲料來振奮精神，經常連續好幾個小時沒上廁所，而且水分攝取不足。泌尿科醫師認為，這可能也是他罹患癌症的起因。

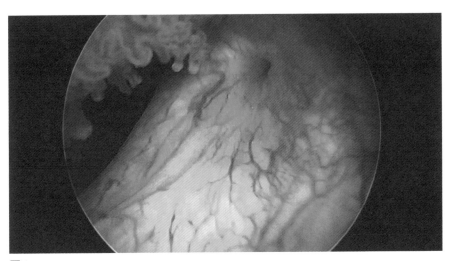

圖1

BONE 骨骼

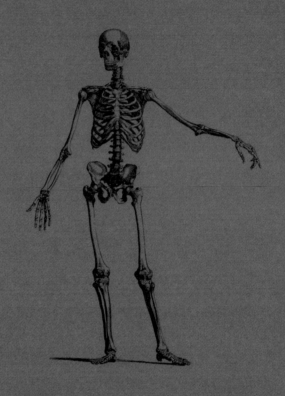

　　人類嬰兒出生時，骨骼大約有兩百七十塊，比成年人還多！隨著嬰兒成長，有些骨骼開始融合或黏貼在一起。等到幼兒成長到成人階段，身體的骨骼總共有兩百零六塊，這個數字會由於解剖結構變異而有不同。我們的每根骨骼都具有特定結構和功能，來輔助身體的運動、穩定性及提供保護。骨骼還能儲存養分並容納骨髓，骨髓負責製造並儲存紅血球。骨骼病理狀況可能是患者與生俱來的，或者是在生活中由於接觸、創傷或自然疾病等後天因素造成的。

EWING'S SARCOMA 伊文氏肉瘤

◆

案例：27歲／英國・威爾特郡布什頓村（Bushton）

這名患者從十五歲開始出現疼痛狀況，在長達一年的時間內，她始終認為那是發育期的疼痛。然而，疼痛開始影響她的睡眠，同時她也在夜間發燒。接著，她注意到鼠蹊部出現一個杏仁般大小的結節，便在一週內就醫接受治療。在前六個月，患者被誤診為病毒感染、貧血症，甚至結核病。她的疼痛程度一再被忽視，直到她母親堅持照X光。醫師立刻發現有可疑物質，並迅速進行磁振造影、正子斷層掃描（PET）和活體組織切片檢查。切片檢查回報，她罹患了伊文氏肉瘤，那是一種罕見的癌症，產生自骨骼和軟組織。這種疾病會在任何年齡發病，不過最常見於十歲到十二歲的兒童，男性的發生率稍高。預後評估則取決於患者的年齡、腫瘤位置，以及診斷時腫瘤擴散的範圍。

這名患者在接受手術時，其腫瘤仍屬局部性，並沒有擴散。手術切除了腫塊（圖1和圖2），後續治療包括侵襲性化學治療，以及隨後增加的一次髖關節置換術（圖3）、更多次的化學治療，還有六週放射治療。據估計，這名患者

有八成的存活率，十年後，她過得很好，肉瘤也沒有復發。

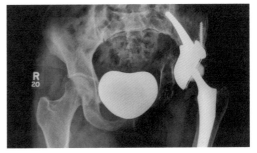

圖1

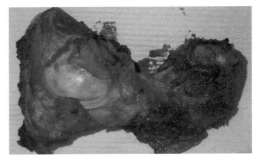

圖2

圖3

GIANT CELL TUMOR 巨細胞瘤

案例：31歲／美國・加州尼波莫區（Nipomo）

幾年前，這名患者在健身時深呼吸，感到肋骨劇烈疼痛。她發現胸部右上方有一個非常堅硬的腫塊。她去找醫師，但醫師無法確定那個硬塊是什麼。由於她有乳癌家族病史，因此醫師安排她做一次乳房X光攝影和超音波檢查。執行檢查的放射科醫師認為，那個腫塊並不是出自乳房，而是從骨骼長出來的，於是安排她做一次電腦斷層掃描來確認。其結果顯示，第三肋上方有一個巨大腫塊。他們做了一次活體組織切片，診斷出那個腫塊是巨細胞瘤，這是一種良性骨骼腫瘤。

這類腫瘤並不是癌症，但它們會摧毀健康的骨骼，所以重點是必須把它們移除。這名患者被轉給一位外科醫師，該醫師在診斷後為她安排手術。外科醫師必須在右乳下方切出一道開口，才能接觸到腫塊。後來，她的部分第三肋骨和腫塊都被移除（圖1）。恢復期很漫長，而且她的右乳房失去感覺，不過，那個腫塊已經完全移除，術後狀況良好。之後，她每年都會接受一次電腦斷層掃描，來監測並確保腫塊並未復發。

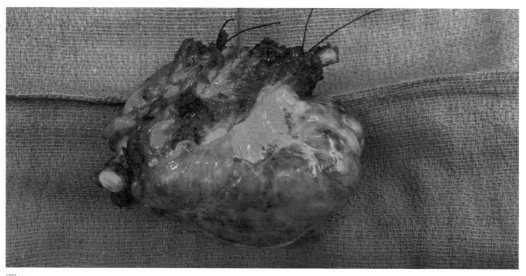

圖1

PECTUS EXCAVATUM 漏斗胸（胸內凹）

◆

案例：20歲／美國・賓州匹茲堡市（Pittsburgh）

這名患者在出生時，經診斷患有「漏斗胸」。這是一種骨骼畸形，患者的胸骨陷入胸膛裡。在這種狀況下，患者仍能保持健康長壽，而且不會出現任何問題，不過，倘若畸變十分嚴重，就會壓迫底下的心臟和肺臟。這種畸形的原因不明，不過往往是家族遺傳，而且多半見於男性。該患者的兄弟和父親也有漏斗胸的情況。所幸，他的畸形並沒有造成任何潛在的健康影響，不過他被告知，基於美觀，未來可以選擇整型手術來修補。

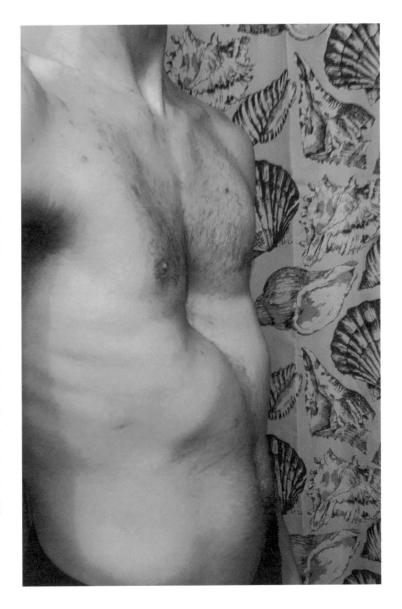

THORACIC OUTLET SYNDROME 胸廓出口症候群

案例：19歲／美國・德州沃思堡市（Fort Worth）

這名患者是競技啦啦隊員。三年前，她開始因為右肩、手臂和手部疼痛麻木，去找小兒科醫師。醫師注意到她的斜方肌異常緊繃，於是把她轉給一位骨科醫師。她接受了多種治療，包括物理治療和一個供睡覺時穩固手臂的訂製鑄模，也進行了多項檢查，包括X光、磁振造影，以及「神經傳導（NCV）／肌電圖（EMG）」檢查，最後這項是要測試神經是否妥善運作。最後，醫師判定她罹患了胸廓出口症候群，必須動手術移除第一肋骨（圖1）和周邊的肌肉。

胸廓出口症候群是鎖骨和第一肋間隙的神經或血管受壓迫導致。以這名患者的情況來說，身為啦啦隊員，多年來從事劇烈運動，再加上肩膀荷重，就是起因。她從接受手術至今已經過了一年半，儘管感到狀況有些好轉，但依然有麻木和刺痛感。她必須做出一些改變，包括避免劇烈活動，以及不再擔任啦啦隊員。

右頁：圖1

BRAIN 腦部

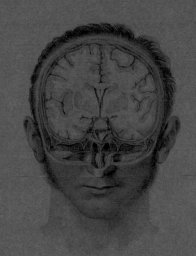

　　人腦大約只有1.4公斤重，卻是地球上威力最強大的物體之一！人腦讓人類成為這顆星球上最聰明的動物。儘管男性的腦子通常比女性的更大，但腦子尺寸卻不見得與智力成正比。人腦比外觀看起來更大，腦子外側的皺紋實際上都是褶層。腦子就像手風琴那樣摺疊起來，才能緊緊地塞進頭顱這個存放容器裡。腦子非常柔軟（類似明膠那樣黏稠），顱骨內有稱為「腦膜」（meninges）的層層組織保護著。

　　由於腦子緊緊地被包裹在頭顱這個堅硬的容器裡，一旦受創或罹患自然疾病，就沒有多少空間來承受腫大或血液累積的後果。腦子是全身的中央指揮部；一旦受創，就有可能導致體衰力虛的嚴重後果，在某些情況下還會致死。

SUBARACHNOID HEMORRHAGE/ANEURYSM
蛛網膜下腔出血／動脈瘤

案例：31歲／美國‧奧克拉荷馬州諾曼市（Norman）

六年前，這名患者和丈夫仍在學校攻讀醫師助理資格。接連好幾個月，他們分別被調往不同城市，並被指派不同輪值班別，兩人展開異地生活。在他們重新同居的頭一個月內，患者開始出現嚴重頭痛，隨後又嘔吐。長久以來，她都有偏頭痛的毛病，但這次的頭痛比她過去經歷的更糟糕，不過，她覺得服藥就可以了，便設法入睡熬過去。所幸，她的丈夫發現這次並非典型的偏頭痛，於是撥打了911。不久，她就失去意識，被緊急送醫。到了醫院，醫師診斷她有腦出血，病名是「蛛網膜下腔出血」。

顱骨底下有許多層保護腦子的構造，這些保護層稱為「腦膜」。腦膜中有一層很細薄的透明膜狀物，就像保鮮膜般覆蓋在腦子表面，這層膜稱為「蛛網膜」（arachnoid mater）。當這層薄膜底下出血，就稱為「蛛網膜下腔出血」。

這層保護膜下方出血，可能肇因於創傷；不過，這種狀況最常見於腦動脈瘤破裂的患者。腦動脈瘤是指，腦中某條動脈因管壁薄弱，導致鼓脹凸起。這種凸起基本上就是一顆隨時倒數的不定時炸彈。倘若動脈瘤破裂，血液就會在蛛網層下方聚積，造成患者一生當中最嚴重的頭痛，倘若沒有盡快處置，最終會致死。

這名患者並沒有已知的腦動脈瘤風險因子。最常見的風險因子是吸菸和高血壓病史，以及動脈瘤家族史。她的祖母很可能罹患相同病症，不過並沒有確認。

在神經加護病房（專門收治腦傷患者的密集照護單位）內，她經診斷為動脈瘤破裂，於是醫師決定為她動一次微創手術：血管內線圈栓塞術（endovascular coiling），見圖1。

由於腦子在顱骨的內部，要是不切開皮膚、鋸開顱骨，就很難觸及。多年來，醫界已經發明了種種手術方式，讓外科醫師無須切割病人的頭顱，就能探進腦中治療。

血管內線圈栓塞術是將一條導管從

大腿鼠蹊部的動脈置入，並一路上探至
腦內動脈瘤附近。導管就定位後，就會
放出白金線圈；這些線圈能促進凝血，
使血液不再滲出。

　　這名患者感謝丈夫救了她一命，並
慶幸動脈瘤破裂的當時，兩人正好在一
起，否則她就沒命了。

　　約莫十八個月之後，丈夫又感覺她
有些不對勁，便催促她把複診日期提
前。在她接受檢查時，發現線圈旁邊出
現了另一顆動脈瘤。這時，外科醫師便
建議進行手術夾扼。

　　在進行這項手術時，醫師會先切除
患者的一塊顱骨，進入顱腔；接著，確
認動脈瘤所在的血管，並採夾扼處理以
抑制血流。比起血管內線圈栓塞術，這
項手術的風險和侵入性更高；不過，這
對夫妻知道，他們必須做這項決定來拯
救性命。

　　在進行手術夾扼之後，這名患者持
續接受監測，先前的蛛網膜下腔出血和
破裂的動脈瘤，都沒有再出現併發症。
她現在是兩個孩子的媽媽，目前在骨科
服務，是個成功的醫師助理。

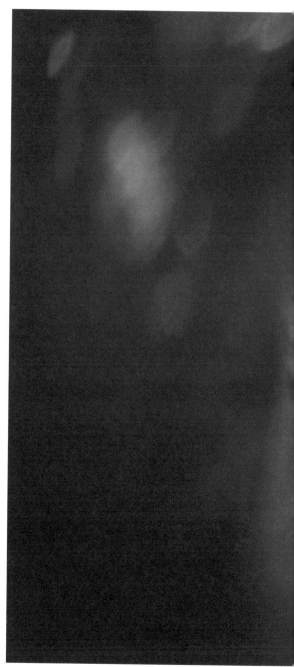

圖 1

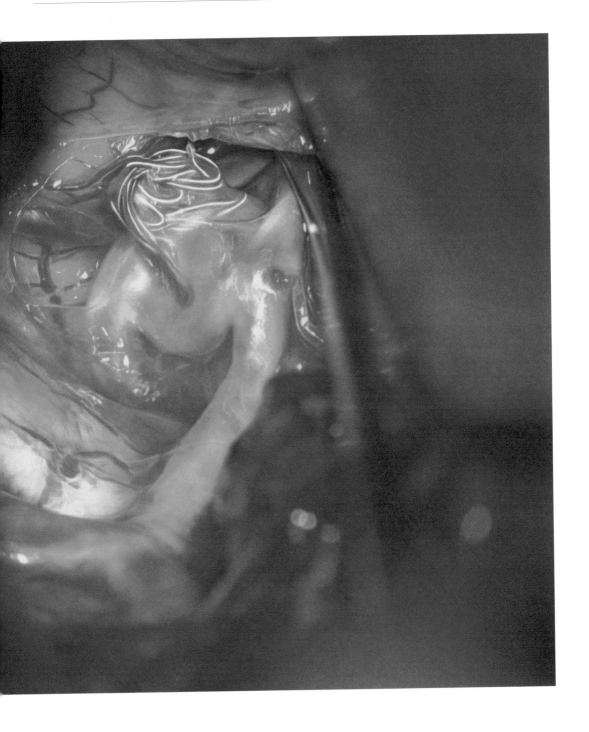

BREAST 乳房

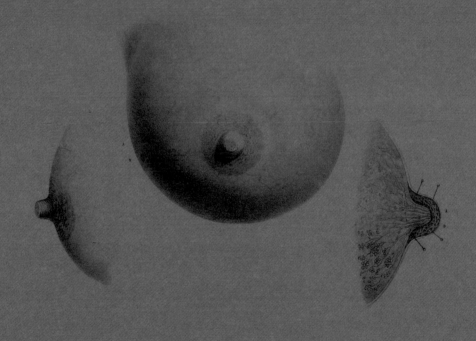

　　男女乳房的解剖結構幾乎一模一樣，只是女性乳房具有特化的小葉。從解剖學來看，女性的乳房是為了一項目的而設計的：哺育嬰兒！女性乳房的乳腺（小葉）能分泌乳汁，而乳汁會通過導管並經由乳頭流出體外。這些小葉和導管周圍環繞著纖維組織和脂肪。病理狀況最常出現在小葉和導管，由於男性沒有這些結構，因此乳房病理狀況較常發生於女性身上。

CANCER / IMPLANTS 癌（惡性腫瘤）／植體

案例：54歲／美國．加州卡拉韋拉斯郡（Calaveras County）

七年前，當這名患者進行例行乳房X光攝影檢查時，發現了組織鈣化的情況。鈣化是鈣質小範圍沉積，可以透過乳房攝影看到。多數鈣化都是良性的，不過，鈣化也有可能是癌性腫瘤。她接受第二次乳房攝影檢查，以及活體組織切片，結果顯示有異常細胞。醫師為她動了一次乳房腫塊切除術（切除了部分乳房），移除了一顆0.4公分的細小腫瘤，並經診斷為第一期侵襲性乳癌。她聽取診斷時，得知有兩種選項：放射治療或進一步手術。她選擇了手術，這樣就不必每年做一次乳房X光攝影檢查或擔心復發的可能。她接受了雙乳切除術，進行時還嵌入紋理組織擴張器（textured tissue expander，註：一種可逐漸拉伸皮膚和肌肉的臨時植入物，可為乳房植入物做準備）來拉伸皮膚，

供未來進行重建手術時使用。五個月後，醫師將組織擴張器移除，並植入平滑的矽膠乳房植體。傷口癒合後，她的乳頭經過重建並刺上花紋（圖1）。

　　一切看起來都很順利，她對結果相當滿意。但不久後，她的身體開始出現一些症狀，包括手臂、肩部、背部和頸部疼痛，隨後是手、腿、肩和胸部出現水皰皮疹。醫師開類固醇給她服用，不過她一停用後，皮疹又出現了。出疹子之後，緊接而來的是每天頭痛、關節痛、體重增加、容易疲倦、皮膚乾燥，以及整體不適感。她和其他經歷類似症狀的女性談過之後，決定取出乳房植體（圖2）。她選擇讓胸部「平坦」，也不打算在未來重建。她覺得這樣很好，寧願保持健康，也不願意為了漂亮的乳房植體而生病。

圖1

圖2

GYNECOMASTIA 男性女乳症

案例：19歲／美國・北卡羅來納州德罕市（Durham）

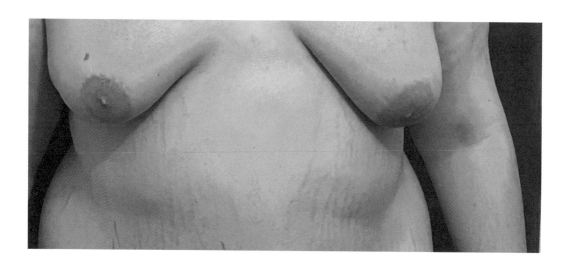

這名患者在十三歲時，發現自己的乳房開始變大。起初，他母親認為那是青春期的關係，然而幾年下來，這種情況卻依然持續。一位醫師建議他減重，或許乳房就能縮小，不過在他減重之後，乳房依然增大。醫師確認他的乳房增大是肇因於乳房組織增多，並不只是脂肪所致，於是診斷他罹患了男性女乳症。

男性女乳症會導致男性乳房組織增大，出現女性乳房的模樣。這種病症最常見的起因是荷爾蒙失衡。雌激素（estrogen）造就出女性的性特徵，包括乳房增大；而睪固酮（testosterone）則造就出男性的性特徵，像是肌肉質量和體毛。男女兩性都有這兩種荷爾蒙，只是各自具有不同的均衡比例。男性女乳症通常發生在製造太多雌激素，或者雌激素與睪固酮之比例失衡的男性身上。

這名患者做了好幾項檢查，但醫師依然無法判定他罹患男性女乳症的起因。他已經向一位整形外科醫師諮詢，其健康保險也同意他進行乳房切除術，移除不必要的乳房組織及移植乳頭。不過，他還沒決定要不要動這項手術。

PHYLLODES TUMOR 葉狀瘤

案例：41歲／美國‧佛羅里達州塔拉赫西市（Tallahassee）

這名患者從十年前開始，就發現自己的乳房出現腫塊，腫塊逐漸變大，並讓她感覺又痛又癢。這名患者一開始並不理會這種情況，直到腫塊長到了哈密瓜般的大小，才終於求醫（圖1）；腫瘤使得她的右乳比左乳大了三倍。她甚至還替這個腫瘤取了名字：「芭芭拉」！她的腫瘤經手術移除，醫師診斷為乳房葉狀瘤。這是一種從乳腺周圍組織生長出來的罕見腫瘤，大多屬於良性（本案例也是如此），不過，其中有一小部分仍有可能是惡性的，這就是為什麼必須把它移除並做病理檢查。由於這名患者比較年輕，乳房組織仍很緻密，幾乎看不到移除腫瘤所留下的缺陷，所以不需要接受重建手術。

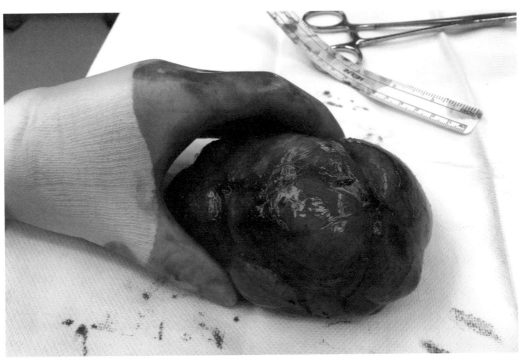

圖1

MASTITIS 乳腺炎

案例：29歲／美國·路易斯安那州巴頓魯治市（Baton Rouge）

這名患者在產下第一個孩子之後，就罹患了乳腺炎；而她的寶寶則患有先天性舌繫帶過短症，就是俗稱的「舌頭被繫住」，這會導致嬰兒「含乳」困難，對乳頭表現得更具攻擊性，吸奶時間也會拉長至四十五分鐘。因此，患者的乳頭很快就出現裂傷，使得細菌從傷口入侵，造成感染，引發乳腺炎（圖1）。母體的乳汁變得濃稠，使得導管阻塞而無法將乳汁泌出體外，在系統中造成逆流，引發導管破裂，並在乳頭後方產生一個稱為「乳囊腫」（galactocele）的囊袋。

這會帶來劇痛，不過患者仍然持續哺乳。她先用吸乳器吸出累積在乳頭後方的乳汁，但效果並不好。不到兩週，她的乳頭後方就出現膿瘍（膿液蓄積）。醫師告訴她，不再能用那側乳房哺乳，於是她下了一個艱難的決定，不再親餵母乳。醫師將她的膿瘍切開並釋出濃液（圖2）。這個傷口必須包紮，並且每天清潔兩次，連續三十八天。後來，傷口癒合，留下一個小疤痕。醫師認為，她的病理狀況是肇因於乳房組織肥厚以及乳頭嚴重裂傷。

她曾經在七年前做過隆乳手術，但醫師認為這不會有影響。外科醫師和哺乳顧問都曾指出，破裂的乳管不會重新形成，往後她可能無法再以那側乳房來哺乳。不過，在她再次嘗試之前，還無法下定論。

對於這位母親來說，被診斷出乳腺炎，是非常痛苦又讓人感傷的經歷。

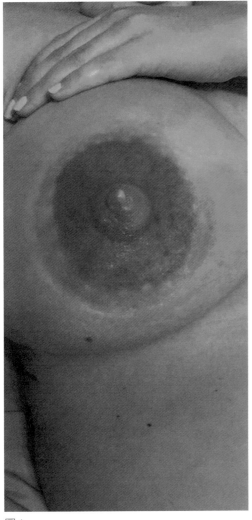

圖1

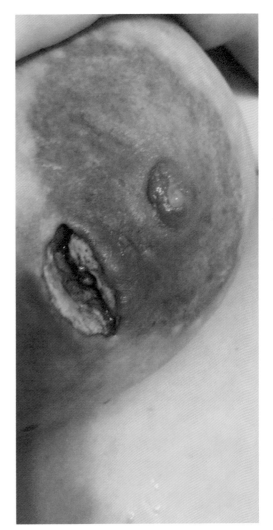

圖2

CIRCULATORY SYSTEM 循環系統

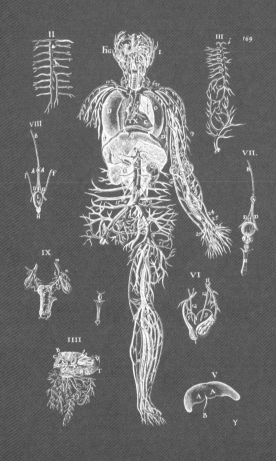

　　人體的循環系統負責循環功能！動脈將充氧血液從心臟送往人體的所有器官。這是讓我們存活下來的功臣。一旦體內器官用盡了所需的氧氣之後，靜脈就會把血液運回心臟。循環系統的病理狀況，可能發生在血管或流經血管的血液中。

Arteriosclerosis　動脈硬化

案例：66歲／墨西哥・墨西哥城

這名患者有長期控制不良的糖尿病和酗酒問題。他有一根腳趾頭長了壞疽，傷口還蔓延到右足的腳背。儘管他可以運用合宜的醫療保健，卻選擇了一種居家療法，包含茶湯和泡腳。但那種療法失敗了，於是他只能求醫。首先，醫師先替他進行清創，去除了所有的壞死組織（圖1）。

這項療法的效果還不夠，於是醫師為他安排一次腳趾截除。他在手術中被「喚醒」，醫師詢問他是否同意截除腳踝以下的部位，但他拒絕了。於是，他被告知，往後有可能必須截除膝蓋以下的腿部。壞疽是糖尿病的嚴重併發症。糖尿病是血液中葡萄糖含量過多的病症。葡萄糖是人體細胞運作和生存所需的養分，而胰臟會分泌胰島素，以幫助葡萄糖進入細胞。一旦罹患糖尿病，胰臟在分泌胰島素方面就會出問題，若非產量不足，就是完全無法產生，以至於葡萄糖無法進入細胞，只能在血液中停留。血液中的糖分太高，可能會傷及血管壁的彈性，導致血管受損。長期下來，動脈就會硬化，而充氧血就無法輸送到該去的部位。當身體的某個部位缺氧時，那裡就會出現壞疽。

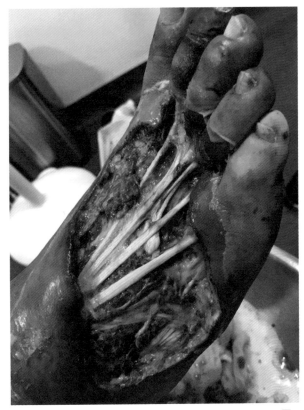

圖1

DEEP VEIN THROMBOSIS 深靜脈血栓

案例：18歲／加拿大·溫哥華島納奈莫市（Nanaimo）

這名患者有艾登二氏症候群（Ehlers-Danlos syndrome，註：皮膚彈性過度，俗稱鬆皮症）病史，這是一種結締組織疾患。

幾個月前，她很容易感覺疲倦，接著出現下腹部疼痛，還有左大腿上部疼痛。她前往一家診所就醫，兩名護理師看了她的狀況，確信她感染性病。即便她表示最近沒有發生性行為，醫師依然替她進行骨盆腔超音波檢查，結果找不出問題。

當晚，她更換睡衣準備就寢時，驚見左腿腫得很厲害，而且呈現青紫色。她告訴母親，於是母女倆立刻前往急診，在那裡等了五、六個小時。就在分診排隊苦候時，她昏倒了，於是立刻被帶到一張病床上，接受超音波檢查和電腦斷層掃描，結果發現她的左大腿上部有一個很大的血塊，左肺還有三個較小的血塊。醫師表示，她面臨腿部截肢、中風或死亡的直接風險。血管小組判定，進行手術的風險太高，最佳處置方式是採用抗凝血劑（血液稀釋劑）。所幸，她的左腿仍有知覺，醫師得以挽回這條腿。她住院一週，目前正在逐漸恢復，但往後餘生都必須使用抗凝血劑。

深靜脈血栓在健康族群中是非常罕見的疾病。這種病症通常都發生在具有誘發因子的患者身上，這些因子包括吸菸史、使用避孕藥品和荷爾蒙補充療法（HRT）、最近動過手術，或者長期臥床。當腿部深靜脈中的血液凝結，便是深靜脈血栓。這些大型靜脈中的大型血塊可能會破裂脫落，隨著血液進入肺臟或心臟，導致立即性的死亡（猝死）。

由於這名患者已經有罹患結締組織疾患的病史，這可能會影響她的血管，不過，她還有另外兩個會造成深靜脈血栓的風險因子：吸菸、使用口服避孕藥。吸菸會使血管收縮，而生育控制荷爾蒙則會提高血液凝結的機率。這兩項結合起來就有可能構成致命的雞尾酒配方。

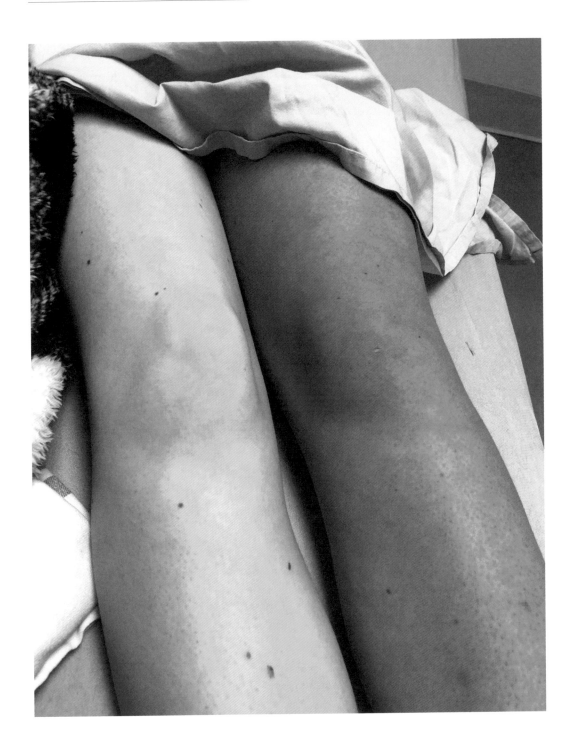

HEMATOMA 血腫

案例：62歲／美國·馬里蘭州菲德里克市（Frederick）

這名患者在輕微摔傷後，拿鏡子來檢視傷勢，沒料到竟然看到驚人的景象！

患者在十二年前經診斷罹患了心房顫動（atrial fibrillation, A-fib），至今仍在持續服用抗凝血劑「華法林」（Warfarin）。當心臟上腔不規則跳動，就會出現心房顫動病症；而當血液沒有妥善流經心臟的這些腔室，就會凝結。一旦凝血塊破裂脫落，就有可能流進大腦並造成中風；這就是為什麼心房顫動患者必須使用抗凝血劑。

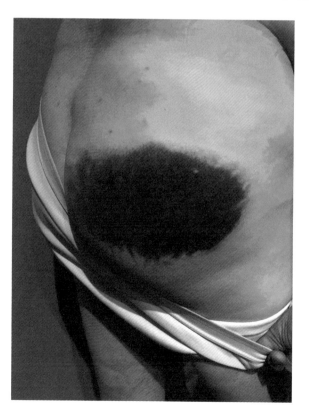

患者是一名驗屋師，在工作時不慎被絆倒，從台階上跌落，臀部著地。當他回家用鏡子檢視傷勢時，看到了一大片瘀青，讓他大為震驚，於是立刻趕往醫院就診。但院方不太關心他的臀部瘀青，倒是顧慮他跌倒時有沒有撞到頭部。

當患者服用抗凝血劑時，就連小傷口也會引發大量出血。這名患者臀部著地時，一條小血管破裂，導致皮下血液大量蓄積，稱為「血腫」。倘若撞到頭部，就會面臨嚴重腦出血的風險。所幸並沒有。

這名患者的血腫如今已經痊癒，現在他格外謹慎，驗屋爬梯時都使用扶手。醫師還讓他改用一種比較不會導致出血的新藥。

RAYNAUD'S PHENOMENON　雷諾氏現象

雷諾氏現象是暴露於寒冷或由情緒壓力所致，使得血流受阻滯，無法流到肢體末端的狀況。當雷諾氏病症發作時，身體受影響部位（手指、腳趾）的皮膚會發白，接著變藍並轉為冰冷。這種狀況好發於女性，較少見於男性。儘管雷諾氏現象本身是良性的，卻是嚴重潛在狀況的徵兆，例如狼瘡或硬皮症（scleroderma）等自體免疫疾病。

案例：30歲／美國·
內布拉斯加州奧馬哈市（Omaha）

雷諾氏現象也可能是與任何潛在疾病無連帶關係的獨立發現。這名女士剛看到自己的訂婚照片時，嚇了一大跳，因為拍攝當下，她的雷諾氏病症正好發作！

案例：33歲／美國·
加州聖地牙哥市（Sandiego）

這名患者在十七歲時，就開始經歷雷諾氏病症。最近，三十三歲的她，經診斷患有CREST症候群的自體免疫障礙。CREST是一個縮略詞，用來描述這種症候群的症狀：鈣質沉著（Calcinosis，皮膚下的鈣沉積塊）—雷諾氏現象（Raynaud's）—食道動力障礙（Esophageal dysmotility，吞嚥困難）—指／趾端硬化（Sclerodactyly，手部皮膚硬化）—毛細血管擴張（Telangiectasia，蜘蛛網狀靜脈曲張）。這是系統性硬化症（硬皮症）的一種侷限型式。

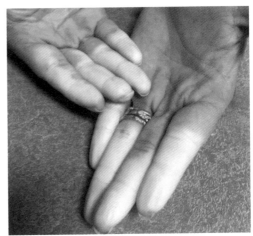

VENOUS MALFORMATION 靜脈畸形

案例：30歲／美國·華盛頓州西雅圖市

三年前，這名患者的右前臂開始出現輕微但持續的疼痛。她認為這是肌肉拉傷，於是在進行自由搏擊（kickboxing）時減少使出右鉤拳。

去年，疼痛加劇，讓她無法入睡。她去看了醫師，被診斷出肌肉拉傷，醫師安排她做三週的物理治療。但疼痛沒有緩解，不久後，她發現皮膚底層出現一個大腫塊（圖1）。經磁振造影和電腦斷層掃描顯示，有一個血管腫瘤緊貼著她的橈神經。她被轉診給一位腫瘤科醫師，那位醫師表示，她患有靜脈畸形。

靜脈畸形發生在胎兒發育階段。由於身體某部位的靜脈血管沒有妥當生成，可能糾纏扭結並增大，形成一個良性腫塊，基本上就是一團靜脈球！起因不明；多半是自發性生長，有些則被認為具有遺傳因子。

由於靜脈畸形嵌在神經中，這名患者接受了栓塞術處理，以便讓腫塊變得堅實而較容易移除。手術在隔天進行，醫師從她的手臂移除了大部分的腫塊（圖2），但必須留下一小塊以確保其神經功能。她現在已經痊癒，而且恢復得很好！

圖2

右頁：圖1

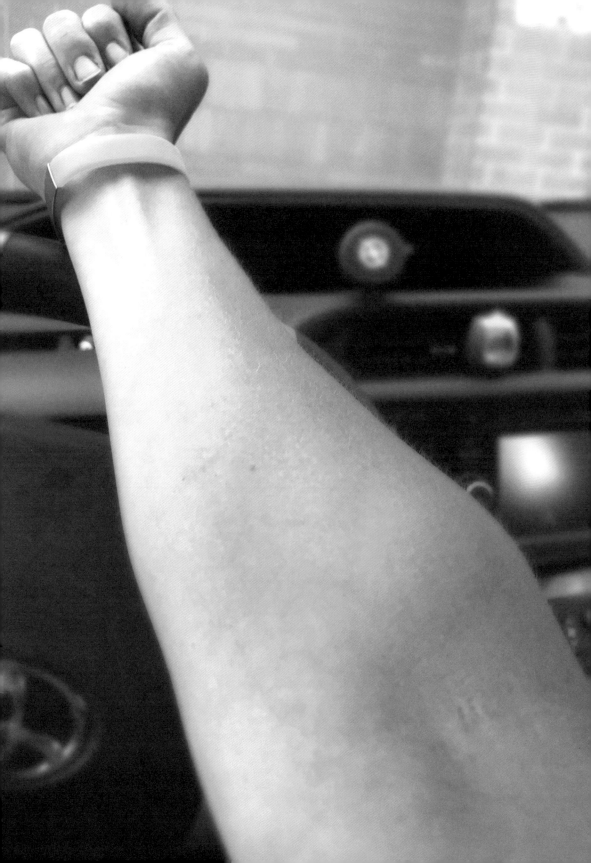

DIGESTIVE SYSTEM 消化系統

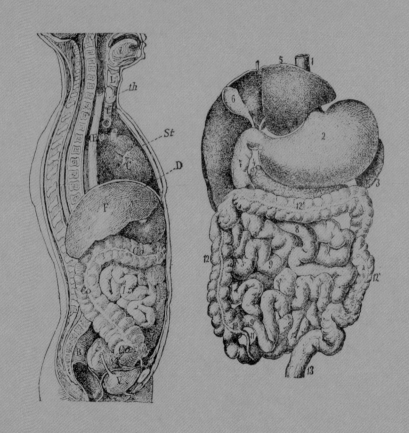

　　人體的消化系統每天都在變魔術。它可以把一片熱騰騰、美味多汁的乳酪披薩，轉換成一坨惡臭的棕色糞便！基本上，消化系統是人體的一條封閉管道，從口腔開始，到肛門結束。由於進食是生活中必不可少的一部分，消化道病理狀況將會徹底顛覆某些患者的生活。

BEZOAR 糞石

案例：19歲／美國・俄亥俄州克拉靈頓（Clarington）

這名患者在十二歲時，經常嘔吐，而且體重一直沒有增加，於是前往內分泌科求診，醫師在一次體檢時，發現患者的腹部有硬塊，替她照了X光後，詢問她是否咀嚼或吃下自己的頭髮。然後，醫師又安排她做了一次內視鏡檢查，確認X光的發現，診斷她罹患了「毛髮糞石症」（trichobezoar），也就是攝入的毛髮所累積形成的團塊。

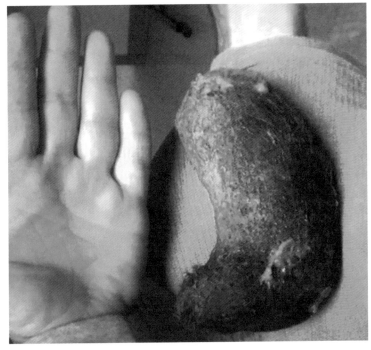

圖1

這個毛髮團塊無法被消化，而且可能會導致阻塞，這就是本案例的情況。這名患者必須接受開腹手術，取出那顆巨大毛團（圖1）。當時，她並不知道自己罹患了「拔毛癖」（trichotillomania），這是一種心理疾患，患者會強迫性地拔下自己的毛髮，並在看電視時不自覺地拔下頭髮並吃下去。這種行為被她父母發現了幾次，不過，他們不認為那是個問題。

這名患者接受手術之後，如今已經痊癒，體重也增加到那個年齡的水準。但她偶爾還是會拔頭髮。

CELIAC DISEASE　乳糜瀉

案例：35歲／美國・加州聖地牙哥市

　　這名患者一生中大半時期都有腹痛和偏頭痛的症狀。她認為這種疼痛是正常的，因為家族裡多數人也有雷同的症狀。

　　隨著年齡漸長，她的症狀日益嚴重，包括嚴重腹瀉、體重增加、腳踝腫脹（圖1）、腹部鼓脹、偏頭痛和運動失調（ataxia，平衡和行走困難）。在幾年內，她兩度前往急診室，並找了四位內科醫師檢查。多數醫師都認為她的症狀不嚴重，就是跟壓力有關，直到最後一位醫師才認真看待她的症狀，並把她轉給一位胃腸科醫師尋求諮詢。她在那裡接受一次驗血，隨後是內視鏡檢查（把一台攝影機伸進食道、胃和小腸），並從她的小腸取得樣本做了一次活體組織切片，經診斷是罹患了乳糜瀉。當時，她已經三十二歲。

　　乳糜瀉是一種遺傳性（家族遺傳病）自體免疫（攻擊自體）疾病。乳糜瀉也稱為「麩質敏感性腸病」（gluten-sensitive enteropathy）。麩質是一種小麥所含有的蛋白質。一般而言，小腸內襯上有微小的指狀突起，稱為「絨毛」（villi），負責從我們吃下的食物中攝取養分。但當乳糜瀉患者食用麩質時，他們的身體就會產生一種免疫反應並攻擊絨毛。當絨毛受損，患者就無法正常吸收養分。

　　乳糜瀉患者的症狀和嚴重程度差別很大。有些患者可能只有

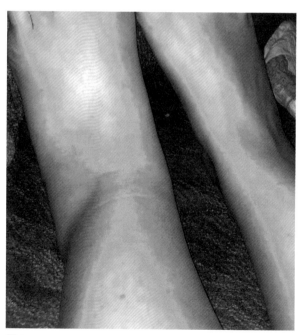

圖1

很少或幾乎沒有症狀，另一些則會出現令人虛脫的嚴重症狀，大大地影響了他們的生活品質。

由於乳糜瀉是一種自體免疫疾病，通常會與其他自體免疫疾患相關。倘若罹患乳糜瀉卻不予處置，患者發展出其他自體免疫疾患的風險就會提高。

乳糜瀉的治療方法很簡單：把飲食中所含的麩質去除，隔一段時間後，小腸就會痊癒，症狀也會消失。儘管這種處置方法說起來相當簡單，卻不容易持續，特別是遇到外食的情況。交叉污染和隱藏在食物中的麩質，可能成為乳糜瀉患者嚴重焦慮的來源。

有些乳糜瀉患者對麩質十分敏感，只要食物中出現一小塊碎屑，就有可能引發嚴重的症狀。這名患者在將飲食中的麩質去除之後，卻在一家餐廳發生了意外接觸。她得知巧克力醬香草冰淇淋不含麩質，於是點了一份享用，沒想到，她吃下之後，腹部幾乎立刻鼓脹並引發劇痛。腫脹的腹部看起來就像懷孕了（圖2）。

乳糜瀉是遺傳性疾病，儘管這名患者的家族裡沒有人經正式診斷為乳糜瀉患者，但她的外曾祖父和外曾祖母大半生都有類似的症狀。患有乳糜瀉的人，多半具有親代遺傳的基因變異株，而這是該基因之DNA的永久性改變。如果

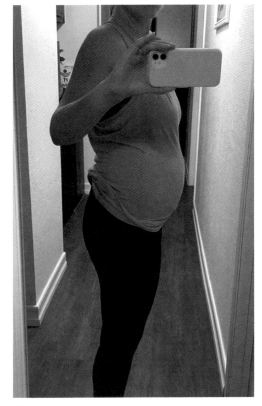

圖2

有人天生具有這種基因變異株，不一定會終身罹患乳糜瀉。這名患者經檢測出其中一種基因變異呈陽性，也得知這個變異有遺傳給兒子。所幸，她兒子並不受麩質所影響。

乳糜瀉症狀永遠會是這名患者生活裡的一部分。對她來講，單純如進食這件事，卻是她的焦慮來源。她參加了無數的研究和試驗，期望協助醫師找出可治好乳糜瀉的療法。

COLON CANCER　結腸癌

案例：23歲／巴西・米納斯吉拉斯州（Minas Gerais）烏貝蘭迪亞城（Uberlândia）

這名患者在如廁時出現了問題，求診後得知自己需要接受結腸鏡檢查。當他為這項醫療處置服用藥物而清空結腸之後，卻感覺腹部劇痛。緊急送醫後，電腦斷層掃描和結腸鏡檢查顯示，他的結腸裡長了一個九公分大的腫瘤，阻塞了腸道。醫師做結腸鏡檢查時，以刺青墨水標記了腫瘤的範圍，以便外科醫師辨識。隔天早上，他的一部分直腸乙狀結腸經手術切除，並送往病理科化驗（圖1）。經過更多檢查之後，他被診斷為第四期結腸癌，並且已經轉移至肝臟和骨骼。

結腸癌是一種出現在大腸的惡性腫瘤。這種疾病的階段是根據腫瘤尺寸和擴散位置來劃分。到了最末期（第四期），癌症已經從結腸擴散到全身。這種癌症最常發生於超過五十歲的中年人。其他風險因子包括家族病史和遺傳性症候群。

但這名患者是二十三歲的健康青年，家族和個人都沒有結腸癌病史。醫師不確定他為什麼在這個年紀就有這種侵襲性結腸癌，但把病因歸咎於體重增加、缺乏運動，還有疫情所引致的壓力。患者的預後評估很差，不過他的態度樂觀。每天都為自己的生命奮鬥，與他的疾病共存，活一天算一天。

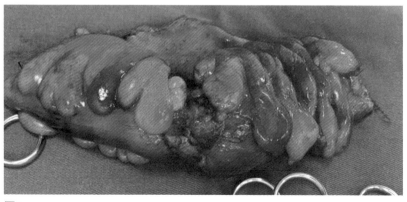

圖1

STOMACH CANCER 胃癌

案例：22歲／美國·華盛頓州塢德蘭市（Woodland）

去年，這名患者的祖母死於一種與基因突變有關的胃癌，那種基因突變稱為CDH1。由於這種突變具有遺傳性，腫瘤科醫師建議她的家族都必須接受檢測。不久，這名患者的檢查顯示，她也具有那種基因突變。

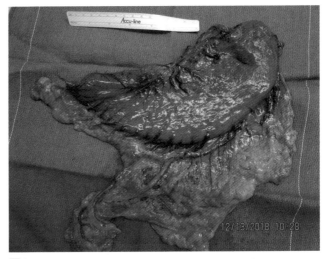

圖1

帶有CDH1基因突變狀況的人，有高達七成的機率會罹患胃癌。若非早期發現，遺傳性瀰漫性胃癌是會致命的。這類癌症和其他類型的癌症不同，並不會形成界線分明的腫塊，因此不容易藉由造影或內視鏡檢查來發現。因此，唯一的預防措施，就是把胃部整個切除。

於是，這名患者前往美國國家衛生院（NIH），並被採集了超過五十件胃部切片樣本，檢驗者發現其中一處細小部位有癌細胞，進一步確認了她得接受這種極端手術的決定。她在二十一歲的年紀，就接受了全胃切除術（圖1）。外科醫師把她的胃部切除，並將食道與小腸直接連在一起！她必須每隔兩個小時少量進食，不過令人驚訝的是，她的食量依然跟手術之前一樣。CDH1基因不只與胃癌相關，還涉及其他癌症。女性患者中，有高達五成的機率也會罹患乳房葉狀瘤。基於這一點，她也經安排接受預防性雙乳房切除術，而這是考慮到罹患癌症的機率極高，因此將所有乳房組織完全移除的手術。待所有手術完成之後，患者的預後評估很好，應該能安享沒有癌症的長壽生活！

ESOPHAGEAL ULCER 食道潰瘍

案例：27歲／美國・依利諾州劍橋市（Cambridge）

三年前的某天深夜，這名患者的未婚妻發現他昏倒在浴室的地板上，便趕緊將他喚醒。接著，他開始大量吐血。未婚妻撥打911，緊急將他送醫。到院後，那些醫師並沒有認真看待這名患者的狀況，於是患者的未婚妻出示當時拍下的照片，讓他們知道患者吐了多少血。醫師評估他已經流失了好幾公升的血，決定做一次緊急內視鏡檢

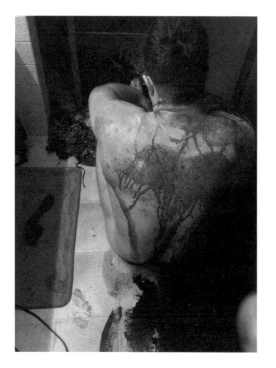

查，將一根帶有攝影機的軟管經口腔伸入，以檢視他的胃部。結果顯示，在食道和胃相接的部位，有多處出血性潰瘍。當中有一處潰瘍特別嚴重，在食道壁上方造成穿孔。他們用縫線將那個孔洞封閉，並在手術中控制出血。

食道潰瘍的起因，包括了幽門螺旋桿菌、使用阿斯匹靈或布洛芬（ibuprofen）等非類固醇消炎藥（NSAID medications），以及胃食道逆流（GERD）。這名患者有超過一年的胃食道逆流病史，還有巴瑞特氏食道症（Barrett's esophagus）的家族病史，這種病症是由於長期胃食道逆流，導致食道在一段時間之後發生變化並提高了罹患食道癌的風險。他還服用艾露卡錠（Alka-Seltzer）來緩解症狀，而這種藥本身就含有阿斯匹靈。

胃食道逆流、食道症家族史、阿斯匹靈，以及在朋友的婚禮上徹夜飲酒，這些因素湊在一起，便造成了潰瘍出血並穿孔。目前，他的胃食道逆流以藥物來控制，既然他知道了狀況，也明白如何處置，往後應該就能健康生活。

EAR 耳

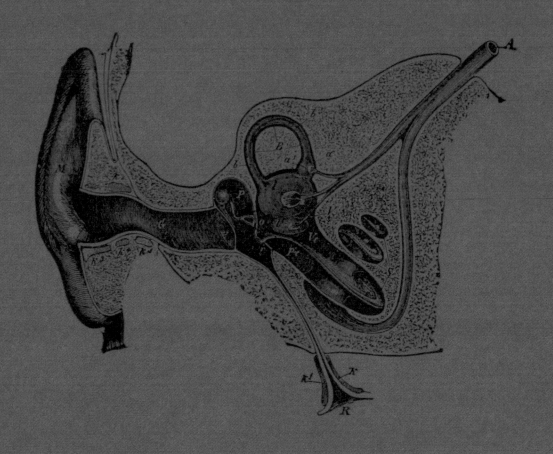

  耳朵是由三個部分組成的複雜結構。看得到的耳朵部分是外耳，由皮膚和軟骨組成，能將聲音匯集到中耳和內耳，並在那裡處理後發送到腦部。我們的耳朵也負責身體的平衡。儘管我們不需要外耳就能聽見聲音，不過對某些患者來講，病理狀況可能會構成重大的美觀顧慮。

ACCESSORY TRAGUS 副耳

案例：18個月／美國・密西西比州格洛斯特鎮（Gloster）

這名患者出生時，醫師注意到他的頸部有一個疣，原本以為那是個皮贅（圖1）。患者轉由小兒耳鼻喉科醫師檢查，並經診斷為副耳，也就是耳屏（tragus）的多餘瘤狀組織。

耳屏是長在外耳的耳道周邊的小型突起物，由皮膚和軟組織組成。副耳是胎兒發育過程中出現的先天性缺陷。外耳在胎兒五週至六週大時形成。倘若在耳朵發育期間出了毛病，就會導致耳屏重複出現。這種缺陷通常只有美觀問題，不過，在罕見的情況下，也可能與腎臟異常有關。患者在十八個月大時，由耳鼻喉外科醫師移除了這個異常組織（圖2），如今他的頸部只留下一個細小疤痕。

圖1

圖2

PERICHONDRIAL HEMATOMA 軟骨膜血腫

◆

案例：29歲／美國・北卡羅來納州夏洛特市（Charlotte）

這名患者在十幾歲時，曾經從事角力競技。有一天，在進行比賽時，他感覺耳朵開始劇痛，並且變得腫大，觸摸起來很綿軟。最後，他因為耳朵嚴重腫脹到遮擋外耳道，影響聽力而求醫。這名患者經診斷患有角力運動員常見的狀況，也就是俗稱「菜花耳」的軟骨膜血腫。

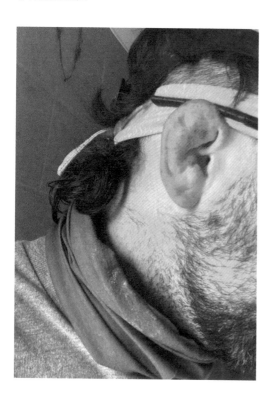

外耳是由軟骨組成。當軟骨受創損傷，就會導致皮下出血。血液會讓軟骨外表面（軟骨膜）從軟骨內層脫離而浮揚。這種浮揚現象會阻礙軟骨組織的血液供應，並在軟骨膜和軟骨之間形成一處空隙。於是，血液就有可能困陷在空隙裡。最後，由於血液供應受阻，導致軟骨硬化，使耳朵呈現一種菜花狀結節的外觀。

醫師用針從患者的耳朵裡抽出多餘的血液，並用金屬敷片來預防血液回流。金屬敷片包含兩片磁體，安置於外耳兩側，對耳朵施壓。這種療法舒緩了耳朵的腫脹狀況，並讓他的聽力恢復。然而，經過一段時間以後，耳朵裡的血液硬化了，導致他的耳朵永久變形。

有一種整形手術可以將硬化的血液移除，讓他的耳朵恢復正常形狀。不過，這名患者拒絕接受治療，因為他覺得，這樣的菜花耳是身為一名格鬥運動員的成年禮。

MICROTIA AND ATRESIA　小耳症和耳閉鎖

◆

案例：6歲／紐西蘭·奧克蘭市（Auckland）

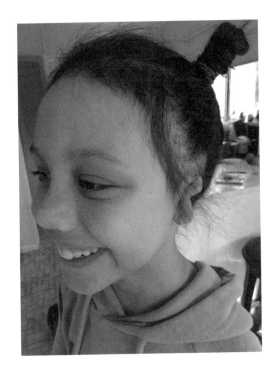 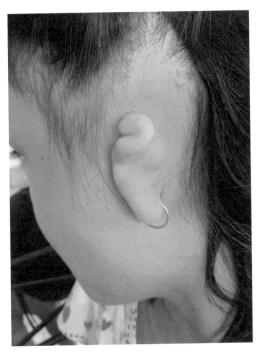

這名患者出生時，父母便發現她的耳朵有點異常，經醫師診斷，她患有小耳症（microtia）和耳閉鎖（atresia）。

小耳症單純是以小尺寸的耳朵來定義，這項缺陷可以在患有其他先天性異常的患者身上看到，不過隨機出現的狀況也很常見，本案就是一例。這種畸形可能從幾乎無法辨識的輕微程度，到完全沒有外耳的狀況。耳閉鎖則指稱負責聽力的中耳結構缺失或發育不全。

這名患者的耳道完全缺失，內耳的聽小骨還缺了一塊稱為「鐙骨」（stapes）的骨骼。因此，她的那側耳朵完全失聰。幾年後，她就有資格接受耳部重建手術，醫師會使用她的一塊肋骨軟骨來形成一片外耳。這個醫療處置完全是為了美觀，但無法改善她的聽力。

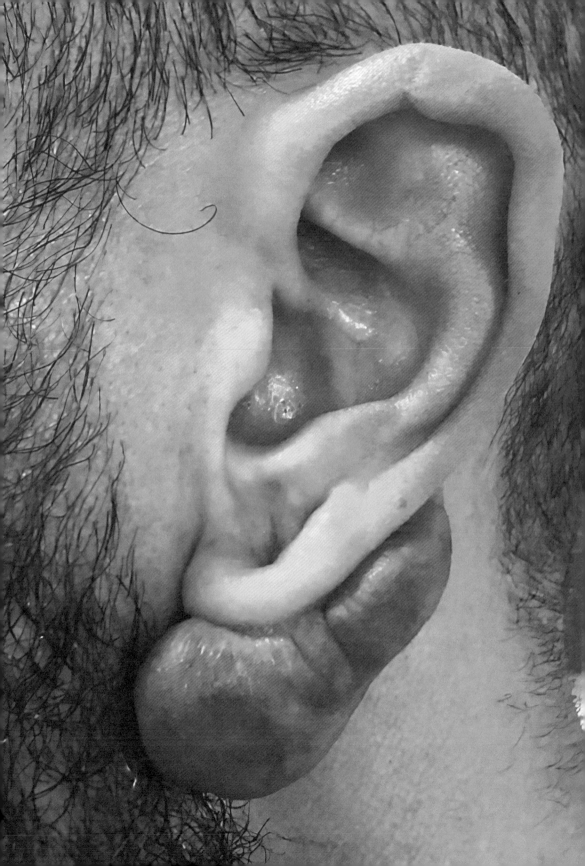

KELOID 瘢痕疙瘩

◆

案例：28歲／美國‧北卡羅來納州康科德市（Concord）

這名患者從小就有無法正常癒合的傷疤。最早的傷疤是在他四歲時長水痘出現的，當時，他搔抓胸口，並抓出一個傷口。傷口癒合後，變得很肥大，還形成結節。他母親帶他去找一位皮膚科醫師，醫師診斷他患有瘢痕疙瘩。正常皮膚在受傷後，會長出強健的纖維組織，以協助保護並再生受損的皮膚。在某些情況下，這類組織會過度生長，變得比原來的傷口更大。這種過度生長的纖維組織就稱為「瘢痕疙瘩」。瘢痕疙瘩可以長得很大、很厚實，而且會痛，但主要都是美觀考量。

這名患者在十六歲時，用穿孔槍替自己的雙耳穿耳洞。不久，他發現雙耳背側都長了大型瘢痕疙瘩，於是安排手術切除，但其中一顆又長了回來。這顆瘢痕疙瘩在之後的三年愈長愈大，不但會痛，還變得很肥厚。醫師替他注射類固醇抑制生長，但瘢痕疙瘩依然肥大，讓患者對自己的外表很沒有安全感。於是，患者針對瘢痕疙瘩移除做了一番研究後，決定找有經驗的身體修飾藝術家來移除，這樣會比整形外科醫師做得更好。他對後來的移除結果很滿意，但只維持了一年半，瘢痕疙瘩又長回來了，他只好再尋覓其他處理方式。

瘢痕疙瘩最常見於膚色較深的人，尤其是亞裔和拉丁裔人士。容易出現瘢痕疙瘩的患者，最常出現的部位是在穿了耳洞的耳朵，但也有可能出現在身體的其他部位。瘢痕疙瘩也算是遺傳疾病，不過本案例並沒有這種家族病史。

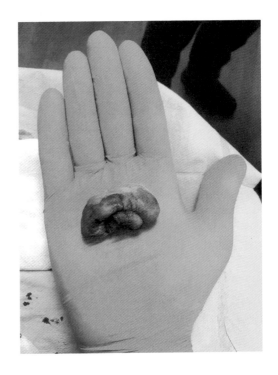

EYE 眼

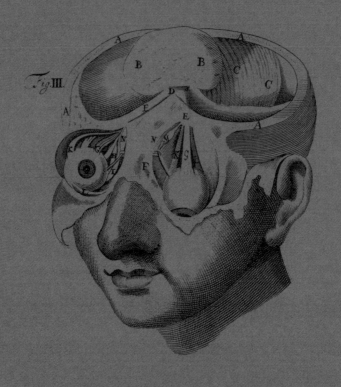

Fig.III

凝望著某人的雙眼，是生命的一種象徵。眼睛是一種特化的感官結構，負責感受周遭世界並在腦中予以處理。在解剖結構方面，眼睛安置於顱骨的眼窩當中，並以眼肌固定於妥當位置。眼睛後側經由視神經連結腦部；眼球是堅實的中空球體，裡面填充了凝膠狀液體。眼睛的病理狀況可能會嚴重影響最重要的感官之一：視力。

CHALAZION 霰粒腫

案例：9歲／澳洲・維多利亞州墨爾本市

這名患者四歲時，眼瞼出現紅腫症狀。他母親五度帶他去掛急診，結果都被誤診為針眼（麥粒腫），於是醫師開抗生素讓他拿回家使用。

直到第五次就診時，那名外科醫師把這孩子轉診到眼科，結果他在四十八小時內就進了手術室。眼科醫師診斷他罹患了霰粒腫。

霰粒腫是油脂腺阻塞時在眼瞼上所形成的凸塊。這種凸塊可以用熱敷和抗生素治療，不過，一旦發生嚴重感染，就必須動手術了。這名患者接受手術時，霰粒腫已經十分嚴重，外科醫師無法把感染部位徹底刮除，結果造成膿腫破裂，膿液從眼瞼流出。現年九歲的他，患有慢性眼瞼炎症。

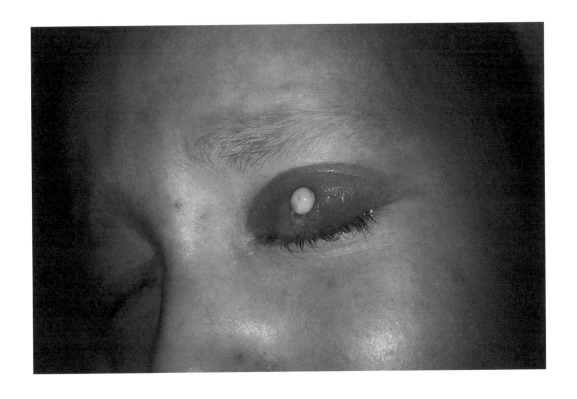

COLOBOMA 眼組織殘缺

案例：23歲／美國‧明尼蘇達州明尼亞波利斯市（Minneapolis）

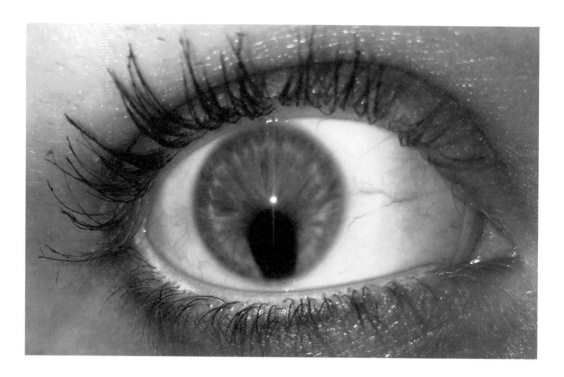

這名患者罹患先天性眼組織殘缺。這是一種罕見的眼睛異常，發生在子宮內胎兒的發育期間。據信，這是一種異常基因致使眼睛沒有正常發育，造成眼組織殘缺的缺陷。

眼組織殘缺有多種類別，根據涉及的部位來分類，其症狀範圍從無到嚴重都有，包括對光敏感、完全失去視力。有時候，眼組織殘缺也會隨著症候群出現，不過通常都只是單獨的異常現象，如同本案例的情況。眼組織殘缺很少遺傳自親代，不過患有此病症的人，遺傳給子女的風險略高。

這名患者患有雙側眼組織殘缺，兩眼各一。她有全色盲，而且左眼失明。然而，醫師無法解釋，為什麼她的左眼會失明。

CORNEAL ABRASION/SUBCONJUNCTIVAL HEMORRHAGE
角膜刮傷／結膜下出血

◆

案例：8歲／美國・北卡羅萊納州費耶特維爾市（Fayetteville）

這名患者在六歲那一年，有一次和母親外出購物時，撞上了店內的展示架。展示架上的金屬掛勾刺破了他的眼球。母親立刻帶他去醫院，醫師把一種染料點進他受傷的眼球，檢查眼角膜是否受傷。結果，醫師發現他的眼球表面有多道刮痕，經診斷為角膜刮傷和結膜下出血。

眼球是以多層構造組成。眼睛的核心部分包含虹膜（眼睛的顏色）、瞳孔（虹膜中央的黑圈，負責調節引入的光線），以及晶狀體（幫助調焦距對準遠近物體），這個核心部分由稱為「角膜」的透明被覆層保護。角膜刮傷是這個被覆層出現刮痕或切痕。眼球的白色部分（也就是鞏膜）的外表，覆蓋了稱為「結膜」的透明薄層。倘若這個充滿血管的薄層出現創傷，血管就會破裂，導致結膜下層出血。這樣一來，眼球的白色部分就會呈現紅色。

醫師開立含有麻醉效果的滴眼液處方來替患者止痛，不過無須做進一步治療，因為在大多數情況下，角膜細胞都會自行修復。倘若角膜刮傷太深，就可能對視力造成永久性的傷害。所幸這名患者並沒有這種情況。

他有好幾天感覺視力模糊，後來，角膜刮傷自行痊癒了，如今這個八歲的孩子並沒有留下其他併發症。

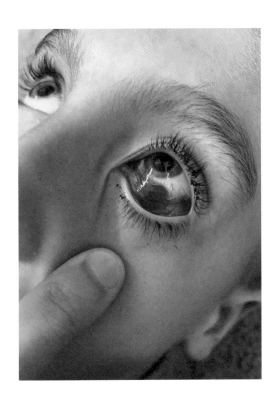

HERPES 疱疹

◆

案例：27歲／英國‧牛津郡班伯里鎮（Banbury）

這名患者覺得不舒服並出現感冒症狀。接下來幾天，她的眼睛出現紅腫、疼痛和發癢等狀況。她去找家庭醫師，但醫師不確定這些症狀顯示什麼毛病，於是要她去找眼科醫師。接下來，那位眼科醫師認為她有可能是細菌感染，於是開立含抗生素的滴眼液來治療。一天後，患者的症狀惡化了，眼睛周圍長出一些小疹子，而且刺癢疼痛。她被轉介到一家眼科醫院，在醫師會診後，判定她罹患了眼疱疹（ocular herpes）。

眼疱疹通常都是在患者身上潛伏的疱疹病毒重新活化，蔓延到眼部時發作。許多人曾經在生命中某個階段接觸

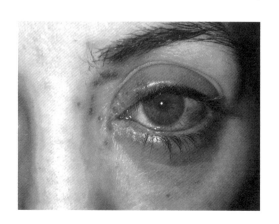

過疱疹病毒，通常是經由唾液（例如共享飲料）等非性接觸感染的。疱疹病毒也能藉由性接觸傳染。當一個人染上疱疹病毒時，通常沒有症狀，有時甚至也不會注意到自己已經感染。一旦感染疱疹，病毒就會永久留在體內。有些人染上病毒後，其體內的病毒可能在他的餘生中維持不活躍的狀態，然而，在其他人的體內，病毒卻有可能頻繁活化，導致發病。疱疹病毒重新活化的起因，通常是免疫力降低，像是感冒。因此，疱疹在西方才有「感冒瘡」（cold sores）這個俗稱。

這名患者並不知道自己感染了疱疹病毒。醫師為患者開立鎮痛和口服與外用抗病毒藥物，過了兩週，患者眼睛的症狀才好轉並恢復正常。從眼睛最初的發作開始，這名患者又經歷了幾次臉部疱疹發作，包括嘴、鼻和眼。自從確認症狀並獲得妥善治療後，患者的感染就不再那麼嚴重了。但由於她的疱疹發作十分頻繁，所以每天使用低劑量的抗病毒藥物，以減緩症狀。

TRAUMA/PROSTHETIC 創傷／義眼

◆

案例：24歲／美國·佛羅里達州羅德岱堡市（Fort Lauderdale）

這名患者在四歲時發生了一起意外，導致他失去右眼。當時，他的家人正拿著一把尖嘴鉗，修理他的腳踏車支架，卻意外刺傷了他的眼睛。他父母發現傷勢嚴重，因為父親的手中就拿著兒子的一塊虹膜（眼睛的有色部分）。他們撥打911，但因為救護車臨時調派不及，於是改派一輛消防車。消防員建議家長先找眼科醫師。那位眼科醫師認為傷勢嚴重，便將他們轉到急救室。這家人在醫院苦等好幾個小時後，才得知那裡的醫師都沒有處理如此重傷的專業知識，於是醫院將患者轉介到將近一個小時車程外的眼科研究中心。

那裡的醫師檢查了男孩的眼傷，很快就判定，恢復視力的可能性極低。在往後兩天，醫師進行了三次手術，仍舊無法挽回患者的視力。

該眼科研究中心的醫師當下決定保留眼睛，並為他配製一隻義眼。這是由於受傷的那隻眼睛仍能移動，可以協助移動義眼。如今，他仍保有受損的殘眼，但因為那隻眼睛在二十年前受傷後就不再生長，因此尺寸很小。不過，那隻眼睛仍然殘存一些感覺。

在醫學上使用義肢，通常是基於不同原因，包括截肢、先天缺陷和創傷。有時義肢能輔助殘肢發揮功能，至於義眼，純粹是為了美觀，它永遠無法輔助視力。

患者在四歲時，配上了第一隻義眼，每年還要因應不斷增長的眼窩來更

換新義眼（圖1）。他的義眼由一個義眼研究機構製造，那裡的專員會配製、模鑄並手繪義眼，讓它看起來和另一隻眼睛能完全相配。

由於那次傷害，患者的周邊視野變得很狹窄，也看不到三維空間。當一個人失去一隻眼睛，就看不到三維空間，這是因為雙眼接收的是雙重二維影像，隨後才在腦中將其轉換為三維影像。

即便受傷並喪失視力，這名患者始終不曾在生活中退縮。童年時，他熱愛美式足球和棒球，現在也繼續以單眼正常生活。

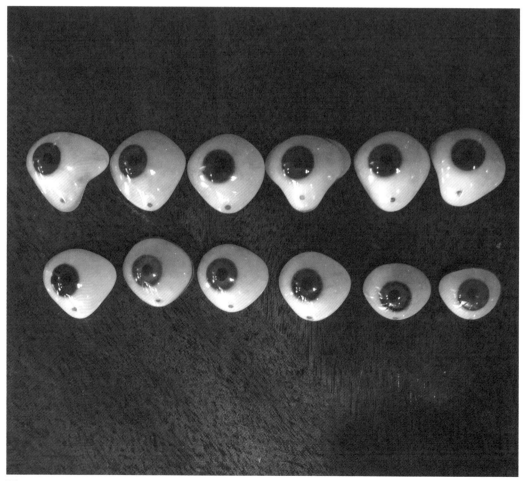

圖1

FASCIA 筋膜

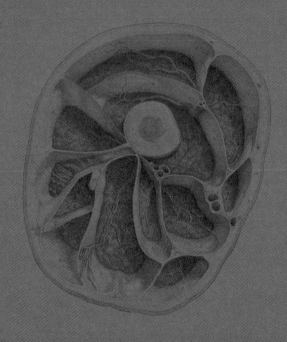

　　筋膜是一種結締組織，負責將人體區隔出腔室，並且分離及保護全身上下的所有組織，包括肌肉和器官。人體有許多類型的筋膜，有的厚、有的薄，取決於身體各部位需要哪種保護層而定。筋膜的作用可讓人體的組織分隔開來。然而，當筋膜出現病理狀況時，可能對人體不利。筋膜的隔室功能讓它在體內形成平面，一旦出現感染，便很容易循此平面擴散。不過，在某些情況下，由於筋膜會產生緊密的隔室，那些受疾病和創傷影響而腫脹的組織也會被約束。

NECROTIZING FASCIITIS　壞死性筋膜炎

◆

案例：58歲／美國・肯塔基州辛西亞納鎮（Cynthiana）

這名患者以為自己患有內生陰毛感染，但實際狀況更糟糕。她的感染部位迅速腫脹得像一顆壘球，就位在陰部與肛門附近。她就醫後，醫師安排隔天動手術。但由於感染擴散得十分迅速，她被轉介到一家較大型的大學醫院，接受另外兩次手術，移除所有被感染的壞死組織。醫師診斷她患有一種致命性感染：壞死性筋膜炎（necrotizing fasciitis）。壞死性筋膜炎也稱為「食肉菌（flesh-eating bacteria）感染」，這個名字是源於那種會導致皮膚壞死的細菌就棲身在柔軟組織底下。這種發炎擴散得很快，如果不迅速治療，可能會致命。

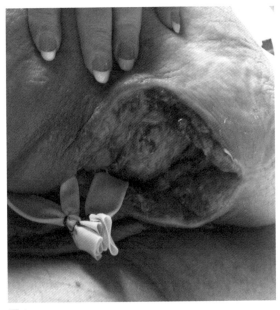

圖1

患者從醫院返家時，身上還帶著一個大型開放性傷口（圖1）。所幸她女兒是一名護理師，有辦法護理這種傷口。傷口的敷料必須每天更換六次，因為患者每次如廁，敷料都會被污染。該傷口超過六個月才癒合，她女兒一度還能將拳頭伸進傷口裡。

弱化的免疫系統、糖尿病、飲酒過量和吸菸，都是壞死性筋膜炎的風險因子；肥胖也是。這名患者吸菸，而且過胖，不過，誘發壞死性筋膜炎的因子，卻也救了她一命。醫師原本非常擔心她的狀況，因為她的感染已經逼近盆骨到了極危險的地步；所幸她有好幾層皮下組織，細菌必須先行穿透它們，才能到達骨骼。

壞死性筋膜炎的死亡率非常高，這名患者很幸運能存活下來。

FEET 足部

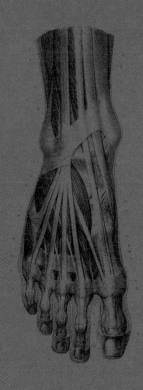

　　儘管足部比起身體的其他部位相對較小，但它的結構非常複雜！一隻腳包含二十六塊骨骼和三十三處關節，裡面充滿神經、血管及汗腺。足部是人體工作過勞的部位之一，每個人在一生當中平均約行走超過十六萬公里！我們的足部外觀可能是內在健康的標誌，從皮膚的狀況到腳趾的趾甲厚度，足部病理可能是一個人與生俱來，或者後天形成的狀況

HALLUX VALGUS (BUNIONS) 拇趾外翻（拇趾滑液囊炎）

◆

拇趾滑液囊炎是長在蹠趾關節（也就是第一足骨與大拇趾骨相接處關節）處的骨質凸塊。這個凸塊本身就是病變，肇因於一種足部解剖缺陷所致。這種缺陷導致大拇趾向內朝其他腳趾的方向生長，而不是筆直前伸。拇趾滑液囊炎比較常見於女性。這是由於女性足部結締組織的構造比男性的柔軟。不同於一般人所認知的，拇趾滑液囊炎並不是穿的鞋子太緊造成的，不過，穿著很緊的鞋子有可能讓拇趾滑液囊炎變得更明顯。

案例：43歲／美國・維吉尼亞州克林特塢鎮（Clintwood）

這名患者的左足解剖結構正常，右足則是拇趾滑液囊炎的教科書範例。拇趾滑液囊炎可能發生在任何人身上，不過通常都是家族遺傳形成的。

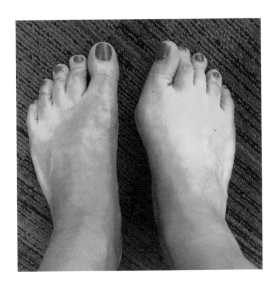

案例：26歲三胞胎／哥倫比亞・波哥大市（Bogotá）

這組三胞胎的拇趾滑液囊炎。每個人的拇趾滑液囊炎症狀各不相同。有些人終身都患有拇趾滑液囊炎，但幾乎沒有或完全無症狀，有些人則生活在慢性疼痛中，必須動手術來進行修整。

PLANTAR WART 蹠疣

案例：60歲／美國‧奧勒岡州本德市（Bend）

這名患者經常在住家附近的健身俱樂部游泳。約莫六年前，她發現腳底長了一個疣，她認為這是晨泳之後赤腳使用公共淋浴間才感染的。

長在腳底的疣稱為「蹠疣」。誘發這種疣的禍首，正是導致身體其他部位長疣的同一類病毒：人類乳突病毒（HPV）。當人類乳突病毒感染從皮膚破損部位（如切割傷）侵入身體之後，皮膚就會長出疣。人類乳突病毒的某些毒株會誘發蹠疣。這些毒株的傳染性並不高，但是，它們在溫暖潮濕的環境繁殖得很快。因此，運動中心的淋浴間地板的確是一個理想的傳染環境。

一個人在接觸了會引發蹠疣的人類乳突病毒毒株後，並不見得會長出疣。事實上，那得看一個人的免疫系統對病毒如何反應。健康的兒童和成人也可能長出蹠疣；不過，免疫系統較差的人風險比較高。就本例而言，這名患者可視為免疫受抑制者，因為她在過去十年內接受了兩次腎臟移植。當一個人接受器官移植，就得使用抗排斥藥物，身體才不會排斥新器官。這類藥物的作用是抑制免疫系統，讓身體不會主動攻擊外來器官。不幸的是，這類藥物的一項副作用，便是會導致免疫系統無法妥善運作。她的免疫力降低了，加上接觸了病毒與適合它滋生的環境，導致她的皮膚發展出蹠疣。

在長出蹠疣的前三年，她經常把它剔除，導致蹠疣擴散並變得更大。她嘗試用多種方法去除疣，包括蘋果醋和藥用貼布，結果都沒有效。疣很難去除，通常只在免疫系統決定擺脫它們時才會消失。皮膚科醫師表示，由於她的免疫力受到抑制，她的餘生恐怕都會長疣。

POLYSYNDACTYLY 多數併指（趾）複合畸形

案例：26歲／美國‧肯塔基州托皮卡市（Topeka）

這名患者出生時，母親注意到她的一根腳趾和其他腳趾有點不同。她生下來就有先天畸形：軸前多指（趾）症（preaxial polydactyly）第四型，就是多數併指（趾）複合畸形（polysyndactyly），其中的poly指稱「不只一個」，syn指稱「併生」，而dactly則指稱「指／趾」。就本例的狀況，患者腳上的骨骼都很正常，卻多了一組大趾骨。多數併指（趾）複合畸形是胎兒在子宮中發育時出現的病變，通常與其他肢體畸形同時出現，而這可能是某種潛在遺傳疾患的徵兆。

多數併指（趾）複合畸形可能是家族遺傳，不過也可能是獨立個案，如同本例。她的童年時期，很難找到寬度足夠容納額外那根大腳趾的鞋子。因此，她也曾經討論過手術選項，不過由於畸形的複雜程度，後來便判定風險凌駕於效益，於是沒有動刀移除。成年以後，她偶爾會遇上趾甲內生的小問題，除此之外，她的生活都很正常。

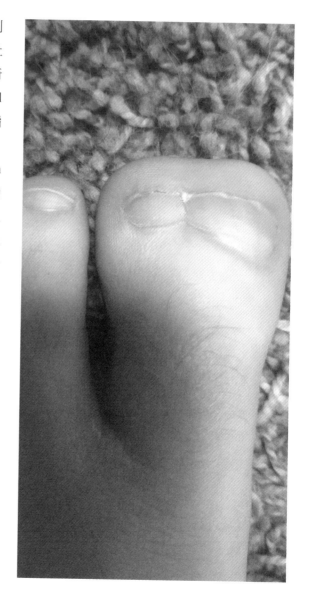

GALLBLADDER 膽囊

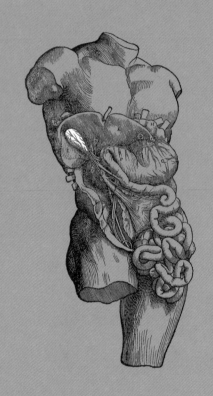

　　膽囊是一個中空的囊狀器官，附著於肝臟底側。肝臟會製造膽汁，那是一種濃稠液體，內含多種成分，包括膽鹽、膽紅素（紅血球的分解產物）和膽固醇。膽汁負責分解食物中所含的脂肪。患有膽囊病變的患者，通常都會經歷劇痛發作，特別在吃了油膩的食物之後，究其根源，若非膽囊有缺陷，就是膽汁阻塞所致。因此，以手術摘除膽囊相當常見。所幸，我們並不是非得有膽囊這個器官才能存活。

GALLSTONES 膽石

◆

案例：50歲／巴西・巴西利亞市（Brasilia）

膽石是由貯存在膽囊內的膽汁所形成。膽石呈同心狀（意即它們是多層次構成的），起初剛成形時很小，不過有可能大幅增長。膽汁是由許多化合物構成，主要成分有膽紅素（紅血球的分解產物）、膽固醇和膽鹽。膽石的顏色、尺寸和形狀可能非常不同，取決於膽石是以膽汁的什麼成分構成的。舉例來說，以膽固醇構成的膽石是黃色的，而以膽紅素形成的膽石則是呈深綠色或黑色。

貯存在膽囊裡的膽汁，主要用來輔助分解食物中所含的脂肪。當我們用餐後，特別是油膩的一餐，膽汁便會從膽囊噴出，注入小腸來分解脂肪。當膽汁設法從膽囊擠出時，要是有一顆或多顆膽石卡在出口，引發膽囊部位（位於右肋骨內層）的劇烈疼痛，就稱為「膽絞痛發作」（gallbladder attack）。膽絞痛發作比較可能在吃下油膩餐飲（好比漢堡）之後發作，若吃的是蔬菜類食物，機會就比較小。

這名患者的右肋內層出現劇痛，起初她只是有點擔心，因為她覺得自己很健康，而且沒有其他症狀。待疼痛舒緩約莫一天後，隔天又變得十分劇痛，於是她趕緊就醫。最後，醫師診斷她患有膽囊炎（cholecystitis）和膽石症（cholelithiasis），隔天就替她動了緊急手術，切除患病的膽囊。她的膽囊被切開時，裡面有一些（以膽固醇構成的）色澤漂亮的黃色膽石。

膽石最常見於中年女性，往往有家族遺傳，因此有一種輔助記憶法，來幫助醫學生記住右上腹部疼痛的患者概況，稱為五個F：female（女性）、fertile（能生育）、fat（體型肥胖）、fair（皮膚白皙）和forty（四十歲）。

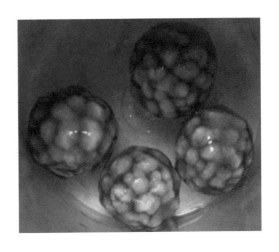

HAIR 毛髮

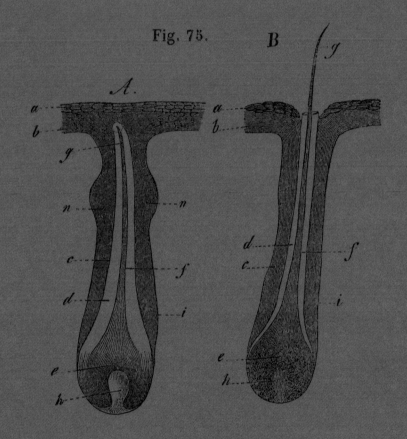

Fig. 75.

毛髮是哺乳類動物的一項特徵；毛髮是從皮膚長出來的纖細針狀突起，內含一種稱為「角蛋白」（keratin）的蛋白質。毛髮是身體生長最快速的組織之一，當一根毛髮從毛囊裡被拔除，馬上就會重新生長。儘管毛髮並不是生命的必需品，不過，毛髮病變可能會讓人有美觀上的顧慮，並成為嚴重情緒困擾的根源。

ALOPECIA 脫髮

案例：29歲／美國·賓州伯恩特卡賓斯（Burnt Cabins）

這名患者在成長過程中，曾經擁有一頭濃密的長髮。十四歲時，她發現頭頂局部的頭髮掉光了。母親立刻帶她就醫，醫師把她轉介給一位皮膚科醫師。

由於她是初診患者，等候了將近一年才見到那位皮膚科醫師，那時，她的頭頂和側邊的頭髮都已經掉光了。由於她的脫髮情況嚴重，必須把頭髮剪短到下巴長度。最後，醫師診斷她患有「圓

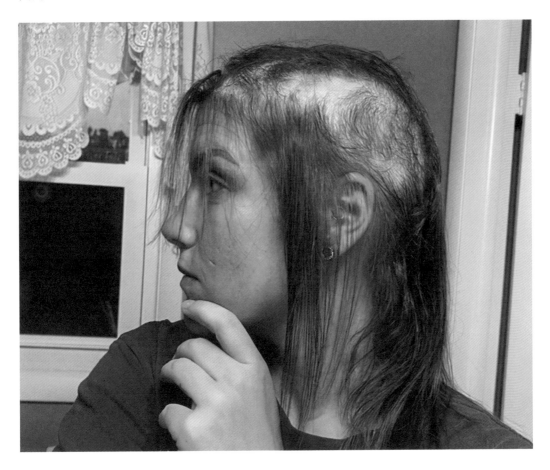

禿」（alopecia areata）症。

圓禿症是一種自體免疫病症，身體會攻擊健康的毛囊，導致毛髮脫落。脫髮有各種不同類別，取決於其表現樣貌；其中，圓禿是最常見的類型，但情況也各有不同，從輕微到嚴重的斑片狀脫髮等皆有。

起初，這名患者接受的治療方式是類固醇肌肉注射，醫師每三個月替她施打一次。這種療法不但沒成功，患者的脫髮情況還變得更嚴重，最後連眉毛都脫落了。在這項治療之後，她決定去找另一位皮膚科醫師，徵詢第二意見。

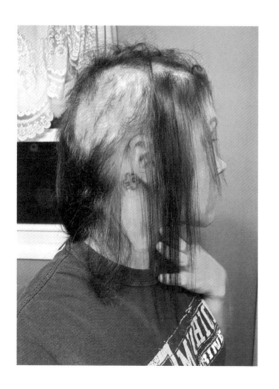

第二位皮膚科醫師直接對患者的脫髮範圍施打類固醇，包括她的頭皮和眉毛部位。每三個月施打約二十針到三十針。這項療法持續了一年，但還是沒有成效。最後，她轉診到一家大型醫院，去找一位脫髮科醫師。

這位醫師採用一種外敷酸性療法，其背後原理是針對脫髮範圍塗敷弱酸，以引發過敏反應。這種過敏反應會適度刺激皮膚，進而刺激毛髮生長。這項療法已經證明能解決部分案例的脫髮問題。不幸的是，它對這名患者並沒有幫助。在患者經歷一年的酸性療法及額外類固醇治療之後，醫師告訴她，他們沒有其他方法了，於是她決定放棄所有治療，與斑片狀脫髮和平共處。

這名患者在失去頭髮之外，為了與圓禿和平共處也讓她付出情緒代價。治療時程漫長又痛苦，卻沒有回報。身為高中生的她，也因為這種病況飽受霸凌，最後終於受不了而休學。

在遠距學習一段時間之後，她下定決心要返校就讀。她的母親決定搬到新學區，讓她可以重新開始。這名患者在新學校有比較好的體驗，但過往的經歷卻讓她留下了永遠的情緒傷疤。

POLIOSIS CIRCUMSCRIPTA 侷限性白髮

新生兒剛出生時，醫師都會遵循標準程序，進行快速檢視，以確保新生兒的一切看起來很健康。

案例：6歲／英國‧威爾斯朗達卡嫩塔夫區‧龐特普里斯城

這名小患者看起來是個健康寶寶；不過，醫師仍然注意到她的後腦勺出現了有趣的白色髮斑。

當嬰兒出生時出現局部白色髮斑，這絕對不是胎記，而是一種稱為「侷限性白髮」的症狀，或稱為「白毛症」（poliosis）。以顯微鏡來檢視白毛症的發作範圍時，毛球（hair bulb）所含的黑色素細胞若不是很少，就是完全欠缺。黑色素細胞是見於人體的皮膚和眼睛的細胞，我們的膚色、髮色和眼睛顏色就是由它們而生。

白毛症有各種不同的遺傳情況，會表現出不同的皮膚狀況，從而影響皮膚的色素沉著，因此天生就有這種症狀的孩子，都必須接受徹底的檢查。

這名新生兒出生以後，皮膚還長出白斑，並伴隨色素缺失。她持續接受心臟科醫師診察，以防範潛在心臟疾病。

然而，白毛症不見得都是與生俱來的；它有可能發生在任何年齡。白毛症的起因不明，不過常見於家族遺傳。

案例：45歲／美國‧紐澤西州肯頓市（Camden）

白毛症甚至也出現在我的家族裡！這是我已故婆婆和她兒子（我的丈夫）的照片。他們都在成年時罹患白毛症。

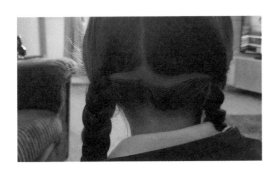

PILONIDAL CYST 藏毛囊腫

案例：27歲／挪威・特倫德拉格郡（Trøndelag）弗爾島（Frøya）

五年前，這名患者發現自己的尾椎骨附近長了一個凸起物，要是按壓它的話會有疼痛感，觸感柔軟。後來，疼痛變得十分嚴重，於是她前往醫院就診。院方安排她做超音波檢查，醫師診斷那個凸起物是藏毛囊腫。

某些患者的皮膚表層毛髮，可能向下潛入皮膚深處並形成囊腫。藏毛的英文是 "pilonidal"，衍生自拉丁文的 "pilus"（指「毛髮」）及 "nidus"（指「巢」）。這類囊腫有可能發炎並受到感染而導致膿瘍，或蓄積膿汁並與皮下毛髮混合。囊腫會讓人十分疼痛，破裂後還會散發惡臭。

藏毛囊腫常見於從事久坐或久站靜態工作的人。這名患者身為職業治療師，整天都站著。藏毛囊腫家族史也可能提高患者發病的風險。她的旁系血親長輩都有藏毛囊腫病史。

這類囊腫最常出現的部位在臀裂處，也就是股溝，但也會出現在身體的其他部位，包括男女性生殖器、頭皮、腹部、鼠蹊部，或是體表可見毛髮生長的任何部位。

由於職業軍人經常搭乘軍車，許多美國士兵都曾經患有這種病症，因此這也稱為「吉普車病」（jeep disease）。

這名患者入院治療，醫師將囊腫切開並清除受感染的組織和膿汁。這種切除整個囊腫的療法，侵入性比手術低，卻不見得一勞永逸。引流處置只是暫時性地清創乾淨，但在往後幾年間，她又得進行數次這種引流處置以及附帶的抗生素治療。由於囊腫持續存在，而且她一再受到感染，於是醫師建議她動手術將整個囊腫和周圍的皮膚切除。

這次的手術很成功，患者的患部已經康復並維持了幾年，一直到她懷孕時。不幸的是，這類案例的復發率很高。這名患者經手術切除的臀裂部位，皮膚非常細薄。囊腫也一再復發且不斷破裂，發出刺鼻的氣味。

她得知自己必須進行另一次手術，目前就等她以母乳哺育孩子結束之後，再來進行這項手術。

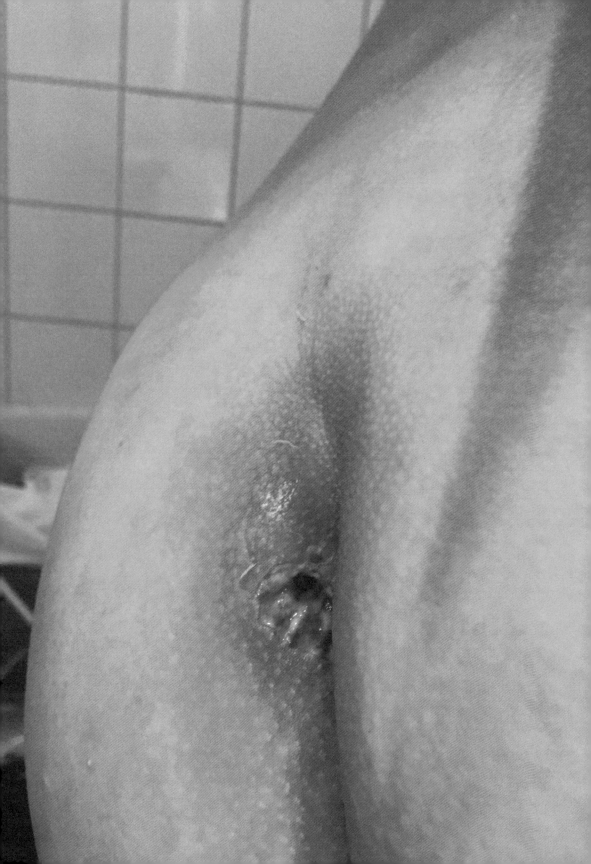

HANDS 手

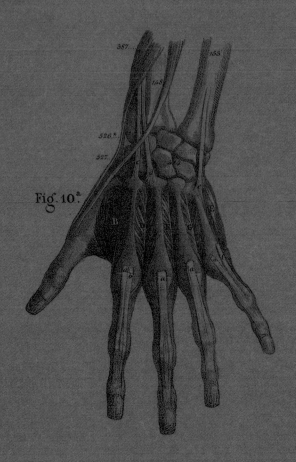

Fig. 10.ᵃ

　　與其他動物的「手」相比，人手的特點是大拇指可以對握。這讓我們擁有其他動物都欠缺的靈巧性與抓握能力。儘管人類沒有手也能存活，但對於手部出現先天或後天缺陷的患者來說，在一生當中，就連簡單的日常瑣事都可能帶來挑戰。

ACROSYNDACTYLY 末端駢指畸形

案例：6歲／美國・華盛頓州凱爾索市（Kelso）

這個孩子出生時看起來是健康的；然而，他的家人和醫師都驚訝地發現他有一隻手並未正常發育。他的左手大拇指和三根手指都帶有蹼（圖1）。他轉診去看一位手部專科醫師，被診斷為患有「末端駢指畸形」。

駢指（趾）畸形（syndactyly）是新生兒出生時具有融合的手指，看起來像長了蹼。末端駢指畸形則是手指在連接手掌的部位分離，卻在指尖部位融合的病症。

末端駢指畸形發生於胎兒在子宮裡成長的時期。雖然這些手指看起來是融合在一起，但實際上它們在子宮裡時並未相黏。當胎兒開始發育時，手部就已經形成蹼。隨著胎兒發育，具蹼的手才開始區分出手指。但本案例的手指並沒有妥善分離，讓指尖具有融合的模樣。這種手部畸形有時也見於具有其他病症或症候群的新生兒身上。不過，本案例的末端駢指畸形是偶發的。

醫師建議這名患者應該接受手術，來改善手部的活動力與功能性。手術在孩子出生後十五個月大才進行，因為醫師認為，這個年齡才能夠安全接受麻醉好幾個小時。

手術持續了約莫四個半小時。外科醫師判定他的中指嚴重發育不全，還缺少了中間的指節，於是決定將那隻手指截除。醫師從他的鼠蹊部取下一片皮膚，移植並蓋住他手上的開放性傷口。手術後，他的手已經有了兩隻手指和一隻拇指能夠發揮功能了（圖2）。

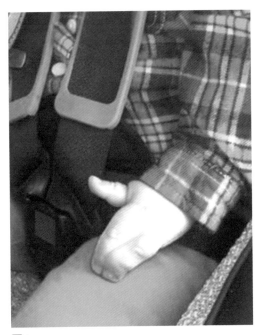

圖1

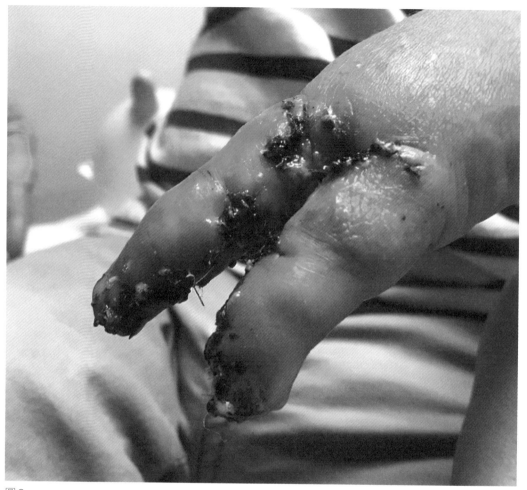

圖2

手部畸形通常都可以在母親懷孕期間做超音波檢查時發現。這位母親得知兒子有這種手部畸形時，嚇了一大跳。醫師審視她的產前超音波檢查紀錄之後，也很驚訝當初的醫師怎麼會疏忽了這種狀況。

如今，這個孩子已經是成長茁壯的六歲幼童，儘管只有八根手指，生活並沒有受到影響。他甚至還參加越野摩托車比賽！他的手指沒辦法伸直，但這不影響手部的功能。外科醫師認為他不需要再接受其他手術。隨著他不斷地成長，也只有時間才能告訴我們。

SYMBRACHYDACTYLY 短指粘連畸形

案例：24歲／美國・堪薩斯州穆登（Muden）

這名患者一出生，雙親就發現新生兒的左手沒有手指，讓他們大驚失色。然而，醫師卻一點都不驚訝，因為從母親懷孕期間所做的一次超音波檢查中，他就發現了這種畸形，卻從未主動告知。

患者的這種症狀稱為「短指粘連畸形」，是一種罕見的（發生於胎兒在子宮內的發育期間）先天性手部缺陷，導致手指異常短小或粘連在一起。

此病症的英文名稱 "symbrachydactyly"，三個字根都衍生自希臘字根，其中 "sym-" 是「連在一起」之意，"brachy-" 是「短的」之意，而 "dactyl-" 則是「指／趾」之意。這種手部缺陷的嚴重程度不一，從輕微到如同這名案例這麼嚴重皆有。

這名患者生下來就沒有手指，至於拇指則只有殘段。拇指沒有骨骼，但仍有一片細小的指甲。那隻拇指

沒有太大的功能，不過還能做綁鞋帶、整理頭髮和扣上襯衫鈕扣等細部動作。

這個缺陷並沒有為患者帶來任何醫療問題，她也從來沒有因為這種狀況而接受任何治療。她甚至還在左腕上刺青，刺上「小不點」（little bit）字樣，來彰顯那隻特別的手。

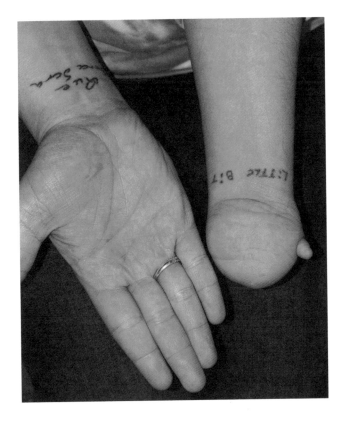

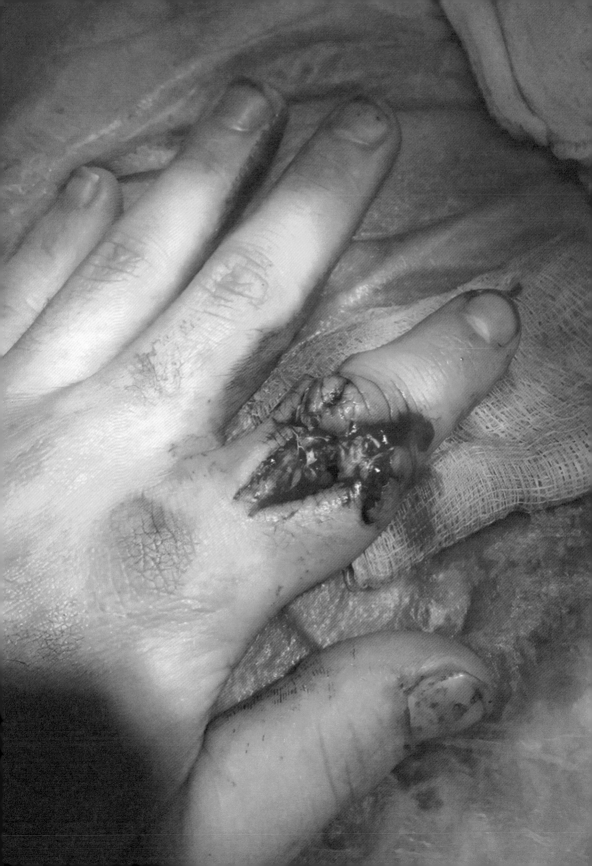

GUNSHOT WOUND 槍傷

案例：20歲／美國・佛羅里達州新士麥那海灘（New Smyrna Beach）

　　天下午，這名患者前往靶場從事射擊活動。他使用的是克拉克十九型（Glock 19）第四代九毫米手槍。隔天，他將滑套往後拉到固定位置之後，就開始清潔槍支。但就在他開始拆解槍支之際，滑套猛然閉合，導致手槍擊發，打中了他的左手（圖1）。他並不知道槍膛裡還留有一顆子彈。

　　醫師進行初步檢視後，由於患者的傷勢嚴重，很擔心他需要截肢。槍傷導致患者的手指骨發生多處骨折。

　　所幸，經過一連串的手術之後，醫師感到樂觀，認為還能挽救患者的手指。醫師在患者的骨骼中插針來刺激癒合（圖2），而且判定，他在那次意外發生後的數個月內就可以做一次骨移植。

　　在某些情況下，當一個人遭受嚴重骨折時，可以把一片骨骼（取自大體或患者體內的另一塊骨骼）安置於需要癒合的骨骼部位。接著，移植骨就會與患者現有的骨骼融合。

　　在美國，經報告記錄的非致命火器傷害，估計有三分之一都是意外造成的。平均而言，約有五百人死於意外的火器傷害，而其中半數是自己造成的。

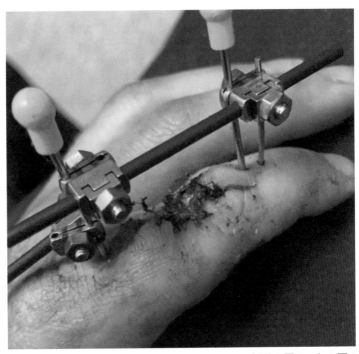

左頁：圖1，上：圖2

HEART 心臟

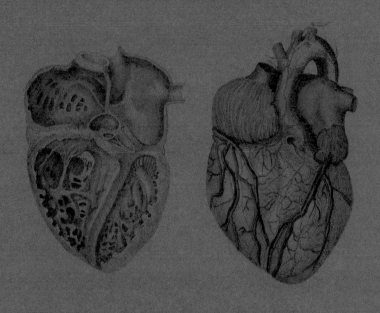

　　心臟是人體最容易辨認的解剖結構之一。以往，人們認為心臟是所有思維歷程的樞紐核心，因此，「心」也被視為愛的象徵。儘管我們現在知道，「愛」主要是由大腦來負責，但我們的情緒和心臟之間，仍有一種已知的牽連。在罕見的情況下，一個人甚至會因為心碎而死。心臟是不可或缺的器官，沒有它，我們就不能存活。心臟是一個中空的肌肉結構，由四個作用像泵（幫浦）的腔室組成，能攜帶含氧血到全身的所有器官。在人的一生當中，心臟比其他器官運作得更辛苦。平均而言，心臟每年跳動四千兩百萬次。以一個人的一生來講，這是相當大的運動量！

AORTIC ANEURYSM 主動脈瘤

案例：67歲／美國・愛達荷州庫納市（Kuna）

二年前，這名患者正著手準備一頂座艙罩，打算裝上一架他親自整修的經典飛機。他站在飛機的機翼上，卻不慎從二・五公尺左右的高度跌落，並以背部著地。當時，他以為自己摔斷了一根肋骨，卻沒有立刻尋醫求治。起初，他認為醫師幫不上忙，在經歷幾天的劇痛之後，才決定求醫。

醫師在做檢查時，也認為他可能斷了一根肋骨，於是安排他進行更多檢查和造影來確認。造影結果顯示，他的肋骨並未斷裂，卻出現一個更嚴重的問題，因此他被轉診給胸腔外科醫師。

胸腔外科醫師是專精胸廓內器官的專科醫師。那位醫師診斷他罹患了「升主動脈瘤」（ascending aortic aneurysm, AAA）。主動脈負責將含氧血液輸運到全身，是體內最大的動脈，它從心臟頂部向外延伸並向下沿著脊椎延展。

主動脈瘤是動脈出現凸隆，從而導致動脈擴張。凸起本身並不是什麼重大問題，卻是一顆隨時會引爆的不定時炸

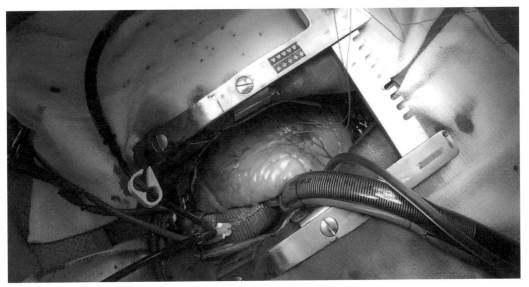

圖2

圖1

彈。主動脈瘤患者都面對了主動脈剝離（血液沿著動脈壁層間隙滲流）和破裂（動脈爆裂）的高度風險。若不予處置，患者可能會因主動脈瘤猝死。

高血壓、高膽固醇、吸菸，以及馬凡氏症（Marfan's syndrome）等結締組織疾患，都是主動脈瘤的首要病因。但醫師並不確定誘發這名患者主動脈擴張的起因為何。

這名患者經安排將以手術更換主動脈擴張部位（圖1）。但是，他曾經對麻醉產生負作用反應，因此主動脈瘤修復作業必須在他半清醒的狀態下進行（圖2）！手術期間，他聽得到醫師和手術室內其他助理交談並討論他的情況。

整個過程中，他不會感到疼痛，只有某些部位被移動和擠壓的感覺。

外科醫師以一條達克綸主動脈移植段（Dacron aortic graft，以合成聚酯材料製造的移植段），換掉他的主動脈患病部位。

手術後不到二十四小時，患者就能起身走動。但術後三個月內，他不能抬舉任何重物。此後，他就不必再為這種狀況使用任何藥物，也沒有任何限制。從機翼上跌落，反而救了他一命！

TRANSPLANT 移植

案例：63歲／美國・加州桑蒂市（Santee）

這名患者的家族有心臟病遺傳史。他一共有七名手足，其中三人死於心臟相關疾病。他的母親也死於心臟病。

他才四十四歲，就經歷了一次心臟病發作，經診斷罹患了冠狀動脈疾病。

冠狀動脈疾病是全世界最大的死因之一。儘管這種疾病存有很明確的遺傳因素，但也可能產生自吸菸和高膽固醇等外因。冠狀動脈負責為心臟供應充氧血。因此，當冠狀動脈阻塞，心肌就得不到所需的足量氧氣，可能因此造成死亡。心臟病發作的另一個名稱是「心肌梗塞」（myocardial infarction），這表示心肌要壞死了。心肌壞死可能在一段時間之後造成泵送問題，或導致猝死。

醫師在這名患者的冠狀動脈裡安置了一根血管支架來撐開阻塞處。這根支架在2009年安置，幾年後，患者在孫女誕生時前往醫院探視，發現自己雙腿腫脹。院內一名護理師建議他回去找心臟科醫師。醫師診斷他患有充血性心臟衰竭（congestive heart failure），這種情況發生在心「泵」（或左心室）沒

有發揮應有的泵血功能之時。最後，醫師為他動手術，置入一組除顫器（defibrillator），此裝置可以用來輔助保持心律。

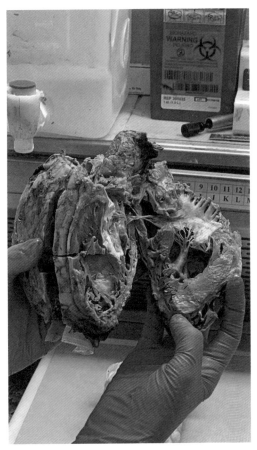

圖1

2015年，在除顫器置入體內的幾年後，這名患者開始感到呼吸急促和疲倦。那時候，醫師判定，他的心臟衰竭已經十分嚴重，必須裝一個左心室輔助器（LVAD）。左心室輔助器是一個大型機械泵（幫浦），當患者的心臟無法自行妥善泵血時，能以手術方式置入患者體內。

在進行手術與醫藥介入之後數年，醫師判定不能再為他做其他事情了。在2018年11月16日，他們將他列入心臟移植等候清單，排名第四百七十三位。

患者在等待期間，於每個月定期回診時，得知有關清單排名的最新消息。由於從他的血型和體型來看，爭取他所需心臟類別的競爭人數不多，因此，醫療團隊認為他有機會能得到一顆心臟。

2021年7月7日下午四點鐘，患者已列入移植清單快三年了，他接到電話通知，有一顆適合他的心臟，醫師要他在一個小時內抵達醫院。他在開車前往醫院的途中非常緊張，並與家人談論自己的財務狀況，以防自己熬不過手術。

他入院接受移植手術，隔天早上十一點，新的心臟已經在他的體內自行跳動了！短短十四天後，醫師就讓他出院。至於他的舊心臟則被送往病理部門檢查（圖1），並發現它的尺寸為一般心臟的三倍大（圖2）。

這名患者在手術過後感覺好多了，他的新心臟運作得非常好。他甚至還可以捧著自己的舊心臟！（圖3）不過，他必須每週到醫院回診檢查，並服用抗排斥藥物。此外，他還要經常接受心臟活體切片檢查，由醫師檢視移植的心肌是否健康。在手術後九十天內，他還會了解更多關於賦予他新生命的那顆捐贈心臟的更多資訊。

上：圖2；右頁：圖3

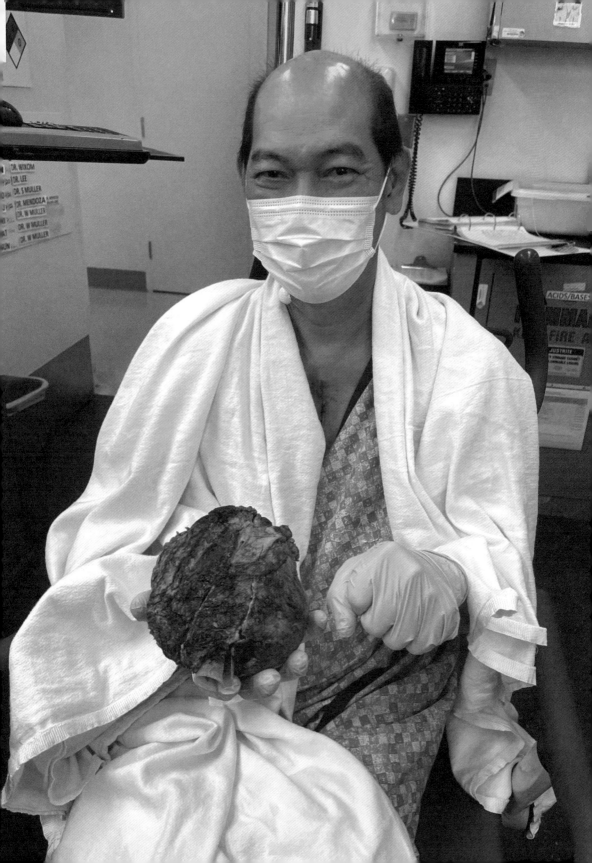

IMMUNE SYSTEM 免疫系統

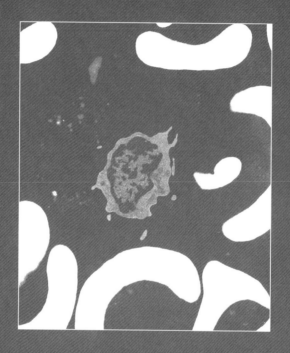

　　人體擁有一些特化細胞來保護我們免於遭受外來異物的侵害。這些細胞零星散布在身體各處，駐紮在許多器官之中協同作用，構成了免疫系統。當身體辨識出某種異物（好比病毒）時，它就會發動攻擊。免疫系統還會產生抗體，一旦我們再次遇到那種異物，這些抗體就能保護我們。不幸的是，在某些情況下，免疫系統可能誤判，對自己身體的某些部分發動攻擊。這就稱為自體免疫（autoimmunity）。

ALLERGY 過敏

◆

案例：26歲／美國‧加州河濱市（Riverside）

這名患者幾乎一輩子都在吃香蕉，特別是在她懷孕期間。香蕉是一種她每天都想吃的水果，直到她兒子出生後，她厭倦了香蕉，於是好幾年都不想再吃了。

有一天，她在出門上班前決定吃一根香蕉。但吃下後不久，她開始感到胃痛，原本以為是早上喝咖啡造成的，於是照常去上班。不到一個小時後，她感到眼睛又痛又癢。當時，她是在一處倉庫工作，以為眼睛沾到了什麼化學物質，於是向公司請假。她一坐進車子裡，就從後照鏡看到雙眼下方出現兩塊細小的蕁麻疹。在那趟二十分鐘的車程裡，她的雙眼腫脹到閉合，舌頭也腫得讓她開口說話時會咬到。

回家後，父親急忙帶她就醫，醫師診斷她出現嚴重的過敏反應。她接受靜脈注射抗組織胺和類固醇，並住院觀察兩天。

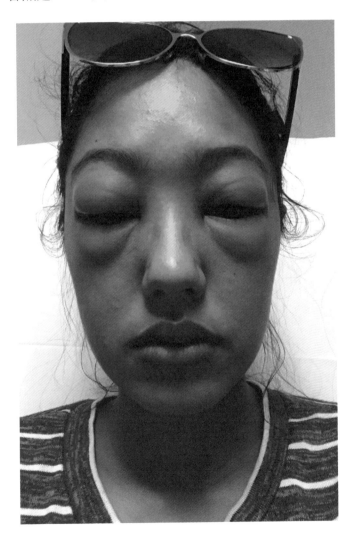

當身體誤判某種物質有害時，就會產生過敏情況。人們可能對多種物質過敏，其中包括化學物質、環境、動物和食品，一旦免疫系統認定某種物質會帶來危害，下次再遇到它時，體內就會釋出一種稱為「組織胺」（histamine）的物質。組織胺是免疫系統的助手，能清除體內的有害物質，但也會引致過敏症狀，包括蕁麻疹、發癢和腫脹。

這名患者的主治醫師認為香蕉並非禍首，因為患者吃了二十二年，從來沒有出現過敏反應。多數人在童年時期發展出過敏，但有時候，基於不明原因，成年人也有可能對先前未曾產生反應的物質，出現輕微到嚴重的過敏症狀。

當一個人產生像這樣的嚴重過敏反應時，重要的是得先確認引發反應的起因，因為每一次的接觸都可能變得更嚴重。在罕見情況下，一個人可能產生這種嚴重過敏反應並導致過敏性休克（anaphylaxis），進而影響一個人的呼吸和血壓，甚至危及性命。

醫師對這名患者做了幾週的過敏檢測之後，還是判定她對香蕉有嚴重過敏。自從患者避開香蕉之後，再也沒有出現過敏反應，不過在過去四年，她時時刻刻都在夢想著來一份香蕉船甜點。

LUPUS 狼瘡

◆

案例：26歲／美國·奧勒岡州北平原市（North Plains）

這名患者在手指關節無痛感的腫脹情形剛出現之初，並不以為意。她還有帶痰的輕度咳嗽症狀，以及她認為是季節性過敏所引發的臉部和雙眼腫脹，但在接下來的六個月，症狀變得更嚴重，讓她意識到自己面對的是一個重大的醫療問題。

這名患者在出現輕微症狀後不久，臉部就長出皮疹，經診斷為丘疹膿皰型酒糟皮膚炎（papulopustular rosacea），這是一種會引發臉部紅斑和小型膿包（細小水泡）的皮膚病症。丘疹膿皰型酒糟皮膚炎的起因不明，但最常發生在淺色皮膚的中年女性身上。這名患者最後被開立類固醇治療劑，協助改善了紅斑狀況，不過丘疹始終沒有消失。

在她出疹子之後一個月，又因為發燒、身體疼痛、噁心、疲倦和眼瞼腫脹臥床四天。過了幾週，她的腿部也開始腫脹，伴隨出現凹陷性水腫（pitting edema，這是一種浮腫現象，由於皮下充滿體液，按壓後會出現凹陷）、心跳過快、胸痛和極高血壓。

於是，她前往當地的緊急護理中心（urgent care）求診，醫護人員為她進行尿液分析，發現她的尿液中含有大量血液和蛋白質。這很可能是腎臟病的一種跡象，基於檢驗結果和她的症狀特徵，她必須做進一步的檢查。

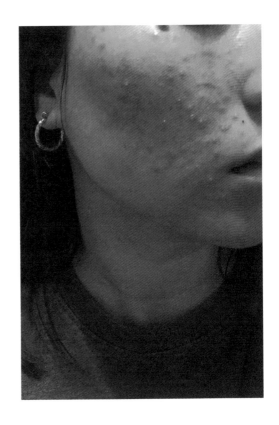

醫院為她進行血液檢驗並發現她的體內嚴重發炎。她被轉診給一位腎臟科醫師做後續追蹤。

後來，腎臟科醫師對她進行了一次腎臟活體組織切片。當醫師要進行這種切片檢查時，會從患者身上的某個部位（在本案例是腎臟）採樣，取得小片組織。接著，將樣本送往病理部門處理，由一位病理學家以顯微鏡檢視切片組織。後來，她被診斷為罹患狼瘡性腎炎（lupus nephritis）。

狼瘡性腎炎是一種自體免疫疾病，肇因於免疫系統攻擊腎臟。這會導致腎臟發炎受損，從而引發高血壓及尿中帶有微量血液與蛋白質（註：分別稱血尿和蛋白尿）。

狼瘡性腎炎常見於患有狼瘡的病人，這種狼瘡稱為「全身性紅斑狼瘡」（systemic lupus erythematosus, SLE）。腎臟科醫師把這名患者轉診給一位風濕科醫師（即專攻自體免疫的醫師）來確認她的狀況。在經過進一步的檢查後，也確定她罹患了全身性紅斑狼瘡。

全身性紅斑狼瘡也是一種自體免疫疾病，肇因於免疫系統攻擊全身眾多器官系統，包括關節、肺部、皮膚和腎臟。狼瘡是一種可能長期潛伏，有時卻猛然爆發，引致輕度到嚴重症狀的疾病。這些發作案例，可能是經由種種不同的觸發因子，例如情緒壓力、身體傷害和手術等所引致。狼瘡無法治癒。

當症狀初步出現時，這名患者正在經歷許多情緒壓力，包括搬家、完成護理學校教育，還有準備護理師資格考等等。她的皮疹起初被誤診為紫外線光所引致的酒糟皮膚炎。起疹子是大多數狼瘡患者常見的症狀，還被稱為「蝴蝶斑」（butterfly rash），因為出疹子的常見部位通常都在臉頰和鼻梁，其模樣就像蝴蝶，不過，皮疹也可能像本案例這樣，以不同方式出現。

狼瘡爆發能以藥物來控制。這名患者在診斷確定之後，已經接受多種藥物治療，包括風濕治療劑和類固醇藥劑。患有狼瘡一事，改變了她的生活；不過，她很努力地調整生活方式（避免照射紫外線）來控制病症，也經常與風濕科醫師配合，根據症狀嚴重程度來調整藥物。

RHEUMATOID ARTHRITIS　類風濕性關節炎

◆

案例：75歲／美國・賓州費城

我父親曾經是柴油卡車機械師傅，這份工作從事到七十歲時為止。他在四十多歲時，開始感覺雙手疼痛，主要是發生在右手。他去找手部專科醫師，經醫師診斷為腕隧道症候群（carpal tunnel syndrome）。當手臂上的神經在腕部受到壓迫，引發疼痛，就會造成腕隧道症候群。專科醫師建議我父

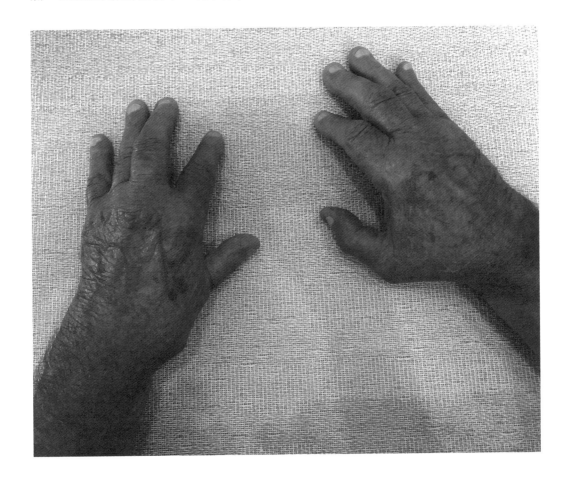

親要動手術。

手術期間，醫師提到我父親還有嚴重的關節炎。手術後，他右手腕的疼痛感消退了，但雙手的關節處依然持續疼痛。

大約就在這時，他開始感到暈眩、劇痛和頸部僵硬。父親是個工作狂，經常一天工作十二個小時，每週六天。有一陣子，他的症狀十分嚴重，於是對我母親述說心中的憂慮，擔心自己恐怕沒辦法繼續工作。醫師指示他去找一位風濕科醫師。那位風濕科醫師在進行一系列檢查之後，診斷我父親罹患了類風濕性關節炎。

當一個人年紀漸長，身體內那些包覆在關節周邊、稱為「關節軟骨」（articular cartilage）的緩衝墊，便會磨損耗蝕，形成退化性關節疾病（degenerative joint disease），或是骨關節炎（osteoarthritis）。不過，類風濕性關節炎的成因不一樣，它與關節的正常耗損無關。這類關節炎可能發生在任何年齡，是一種自體免疫疾病，因身體攻擊自己的關節和組織而造成的結果。

類風濕性關節炎通常從身體較小的關節開始發作，經過一段時間之後，可能進展到較大型的關節。除了關節，這種疾病也會影響心、肺、腎和神經等身體各器官。

父親經診斷後，便依指示使用不同藥物，有助於緩解他所經歷的疼痛和僵硬，卻無法延緩病程。

過了一段時間，風濕科醫師注意到他的雙手開始出現實體變化，就跟其他類風濕性關節炎患者一樣。因此，醫師決定改變他的治療方案。

父親在六十多歲時，開始接受一種較新式的療法，每隔六週都得進行靜脈輸注。這種療法成功控制了他的疼痛，最終還阻止了他的病程變化。不幸的是，靜脈輸注治療的一項併發症是免疫抑制（immunosuppression）。

父親繼續接受這項治療為期十年，直到他感染了一種危及性命的「二甲苯青黴素抗藥性金黃色葡萄球菌」（MRSA），差點要了他的命，還迫使他不得不退休。

過去五年來，父親沒有為自己的類風濕性關節炎接受過任何治療。儘管他依然得忍受與類風濕性關節炎相關的疼痛，但他如今遇上的併發症，多半是肇因於過去多年以來曾使用的藥物和接受的療法所引發的長期副作用；其中最嚴重的是腎病第三期。如同許多自體免疫疾病，倘若你的家族中有人患有類風濕性關節炎，那麼你罹患這類疾病的風險就比較高。

案例：77歲／美國・紐澤西州塞維爾（Sewell）

這是我父親的三位姊妹之一（我的姑姑）。四十多年前，我姑姑注意到自己的雙手形狀變得不太正常。往後幾十年間，她的手部逐漸變形，但她並不覺得疼痛，也不認為自己必須接受任何治療。

類風濕性關節炎會導致關節變形，而且在手部外觀上清楚可見。我姑姑的雙手表現出類風濕性關節炎患者的典型症狀：尺骨偏移（ulnar drift），也就是那些平常與手臂尺骨對齊的指頭彎曲或往小指偏移的現象。

我姑姑大半輩子都做辦公室工作，不像我父親做的是體力工作。父親每天過度使用退化的雙手並引發劇痛，他在經歷這些症狀二十年後，才開始接受靜脈輸注治療，從而阻止了他的手部變形進程。

不過，我姑姑工作時並沒有過度使用雙手，儘管除了手部以外，她的其他關節感覺劇痛，她也從來沒有為類風濕性關節炎接受過治療。這就很容易解釋，為什麼她的雙手變形狀況比我父親更嚴重。

他們的父親（我的爺爺）因為罹患癌症，很早就過世了，不過，他的雙手也出現這種變形。我父親的其他兩名手足，也經歷嚴重的關節疼痛，但雙手並沒有發生類風濕性關節炎相關的變形。

就目前所知，類風濕性關節炎無法完全治癒，其嚴重程度因人而異。隨著新式療法出現，患者能與這種疾病和平共存到老年。

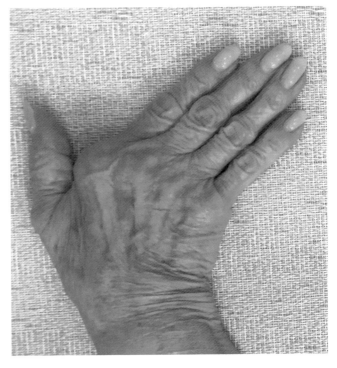

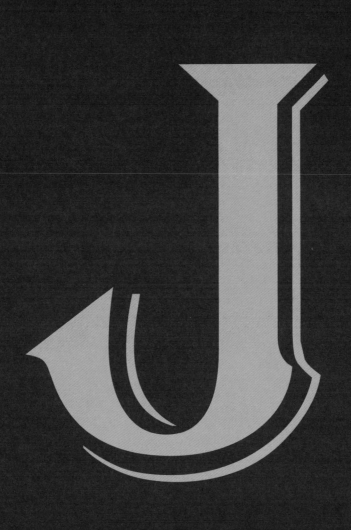

JAW 顎

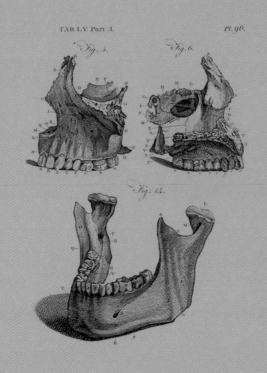

顎是人體最強健的部位之一。顎前齒的咬合力高達二十五公斤，而後齒則能施出高達九十公斤的壓力！就解剖結構而言，顎是人體內唯一的雙絞接式骨骼。顎以上下兩部共組而成，上部稱為「上頜骨」（maxilla），下部稱為「下頜骨」（mandible）。顎由體內最強壯（依據可對外部物體施加力量的能力）的肌肉負責推動：嚼肌（masseter muscle）。顎負責支撐並運動人體消化系統的第一個部分——牙齒。顎是我們分解所吃下的食物不可或缺的要角。

ODONTOGENIC MYXOMA　齒源性黏液瘤

案例：23歲／美國・維吉尼亞州伍德斯托克鎮（Woodstock）

這名患者在配置三次牙套之後，還必須配戴隱形日常矯正器，讓牙齒維持整齊。

有一天，她發現牙齦出現凸塊，而且慢慢變大（圖1）。往後九個月，那個凸塊持續增長。凸塊本身不會痛，卻讓她的矯正器不再與牙齒吻合。

她去看一位口腔外科醫師，起初醫師認為這是肇因於矯正器刺激的良性骨骼增生。為了驗證此事，醫師安排她做一次電腦斷層掃描，卻發現那不是骨骼增生，而是必須以手術移除的腫瘤。

手術過程使用局部麻醉，因此患者在過程中是清醒的。外科醫師完全移除了這個邊緣很明確的腫瘤（圖2），因為腫瘤周圍有一圈健康的正常邊緣組織。

接著，這個腫塊被送到病理科化驗，發現它是罕見的良性腫瘤：齒源性黏液瘤。這類腫瘤產生自負責在胎兒發育時期形成新牙齒、位在顎部的細胞。這類細胞稱為「間質細胞」（mesenchymal cell）。

齒源性黏液瘤是一種良性（非癌

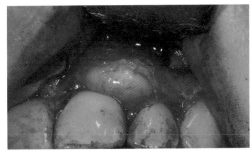

圖1

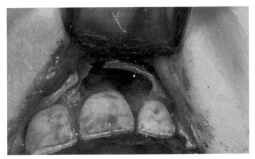

圖2

性）腫瘤，但具有區域部位侵襲性，不論長在哪裡，都有可能會侵蝕周邊的健康組織。這類腫瘤好發於女性。

這名患者自從移除腫瘤之後，就沒有再復發。不過，齒源性黏液瘤患者的腫瘤復發風險很高，所以必須持續監測狀況。最後，外科醫師告知她，倘若腫瘤再次發作，她就必須接受範圍更大的手術，將顎部的那個區塊切除。

JOINTS 關節

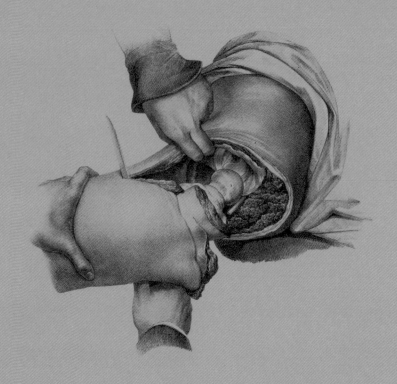

　　關節是兩塊骨骼之間的連接點。人體全身總共有三百六十個關節，其中有些能動，有些則不能。那些可活動的關節會由其他組織協助，以免骨骼相互摩擦，並有助於提高靈活性。當骨骼或輔助關節的組織受損（由於患者先天具有或後天引起的因素所致），可能造成關節的屈曲性太高或不足，進而導致慢性疼痛和行動不便。

EHLERS-DANLOS SYNDROME 艾登二氏症候群

案例：35歲／英國·斯塔福德郡斯塔福德鎮（Stafford）

這名患者在童年時期，關節能彎曲的角度，遠超過了她認識的其他孩子。待年齡稍長以後，她意識到這項「派對花招」原來是一種更嚴肅的狀況：艾登二氏症候群。

艾登二氏症候群（簡稱EDS）是結締組織的一群遺傳病症，目前已經有十三個子類。

人體有許多類別的結締組織，負責支持骨骼、皮膚、血管和其他器官。艾登二氏症候群類別繁多，從輕微到嚴重都有，有些還會危及性命，取決於受影響的是哪些結締組織。

這名患者在青少年時期開始出現左髖部位疼痛的情況，到了成年期，她多次因為跑步時關節過度伸展而受傷。醫師為她檢測「過度可動性」（hypermobility，指關節能伸展超出正常活動範圍）並診斷她患有「過度可動症候群」（hypermobile Ehlers-Danlos syndrome），這是艾登二氏症候群最常見的類別，以往稱為「EDS第三型」。

罹患這類艾登二氏症候群的病人，可能具有高度可屈曲的關節，而且會出現經常性脫臼。一段時間之後，關節耗損就會引致慢性疼痛。

過度可動症候群算是症狀最不嚴重的類型。但艾登二氏症候群能影響任何結締組織，不見得總是侷限於關節。在比較罕見的類型中，全身血管都有可能受損，而這就會引發危及性命的嚴重併發症，甚至致死。

罹患過度可動症候群的患者經常有種種症狀。多數患者都有某種程度的關節過度可動性；然而，部分患者的皮膚也會出現某些艾登二氏症候群的跡象。

案例：37歲／英國・海峽群島（Channel Islands）澤西島（Jersey）

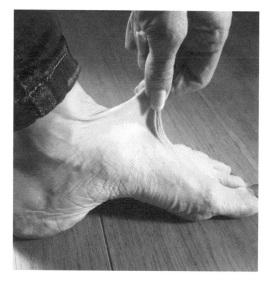

這名患者在早期就經診斷患有艾登二氏症候群。由於她父親的家族有明確病史，包括父親、祖母、叔伯和堂兄弟姊妹都有，這名患者在早期就已經診斷確定了。她罹患的是過度可動性關節方面的毛病（特別是手指），而且這輩子大半時期都有全身關節疼痛的問題。不過，最令人驚訝的特徵，從她的皮膚上就清楚可見。儘管她的家族有明確的艾登二氏症候群病史，卻沒有人被正式診斷為其中的十三個類型之一。

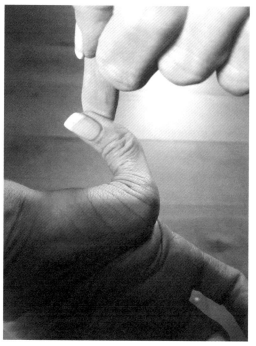

艾登二氏症候群可能影響皮膚結締組織，讓皮膚變得脆弱。這名患者的皮膚柔軟光滑，而且非常有彈性，但也很容易在擦撞後瘀傷，受損後的皮膚需要更久的時間才能癒合，而且很容易留下疤痕。

艾登二氏症候群患者必須將自身的狀況告知醫師。研究顯示，這類病人對局部麻醉比較沒有反應，而且他們接受手術之後，傷口也不容易癒合。在某些情況下，具有這類脆弱皮膚的患者一旦受傷或接受手術，隨後的縫合作業就必須採取不同方法來進行。

GOUT 痛風

◆

案例：53歲／美國・密西根州羅亞爾奧克市（Royal Oak）

這名患者在三十二歲那一年，有一次睡醒後，感到腳的大拇趾異常劇痛，因此去找一位足科醫師，醫師做了一系列檢查，包括驗血來檢查他的尿酸含量。結果，得出的數值很高（12mg/dl），正常值為3-7 mg/dl之間。他經診斷患有痛風。

痛風的起因是關節處形成尿酸結晶。當血液中的尿酸含量增加，就會引發這種症狀。當痛風患者的關節處發生嚴重疼痛時，就稱為「痛風發作」。

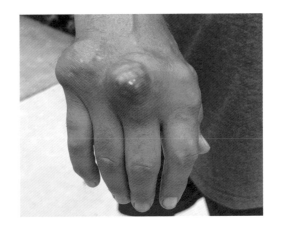

尿酸通常是出現在血液中的廢物。這是身體分解一種稱為「嘌呤」（purine）的物質之後所形成的化學成分。嘌呤能在人體內自然生成，但也會出現在某些食品中。

在正常情況下，體內的尿酸會被腎臟清除。當一個人罹患痛風，若非身體生成太多尿酸，就是腎臟運作不力，無法將尿酸排出體外。

當尿酸在血液中累積，就有可能在關節處形成尖銳的針狀晶體，進而引發劇痛。患者的第一次痛風發作，通常會出現在大拇趾關節。若不予以治療，晶體就會在其他關節處累積，致使它們呈現結節狀和球珠狀，這就是痛風石。

這名患者經診斷患有痛風後，由於擔心副作用，遲遲不肯服用醫師開立的藥物。經過一段時間後，他的血液中的尿酸含量增加，多處關節都陸續形成痛風石，包括手肘和指節處。

自從痛風石生成以後，這名患者總算嚴格遵守一套食物療法。他每天都服用藥物，而且，由於某些食物含有嘌呤，他也改變了飲食方式。他的痛風無法根治；不過，憑藉藥物、飲食和生活習慣的改變，他已經能夠控制病情，持續一年多都沒有再發作。

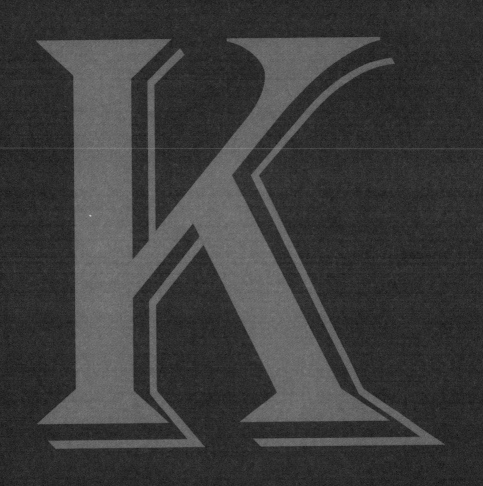

KIDNEY 腎臟

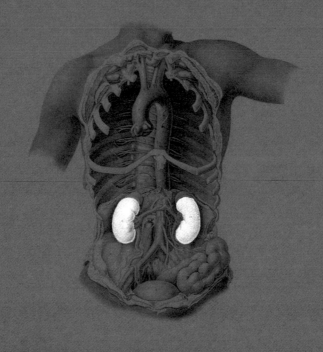

　　儘管腎臟很小（約為拳頭大小），卻是生命不可或缺的要件。多數情況下，人類生來就有兩顆腎臟，不過，只需要一顆就能生存。腎臟位於下肋骨底下的腹部後側，獲得妥善的保護。腎臟是人體非常重要的器官，它們可以過濾血液中的毒素，維持體液平衡，讓血壓受到控制。由於腎臟負責把毒素清出體外，因此會接觸到潛在的有害物質，這也提高了患者出現病理狀況的風險。某些案例的病理狀況甚至在出生前就已經出現了。

DUPLICATED URETER / HYDRONEPHROSIS
雙套輸尿管／腎盂積水、水腎

◆

案例：19歲／美國・紐約州紐堡市（Newburgh）

這名患者在童年時期曾經出現過一些罕見症狀，並且持續了好幾年，包括慢性背痛、呼吸困難、噁心和發燒。她的皮膚帶了少見的色澤，而且當自己的膀胱鼓脹時，她也無法察覺。

她的父母求助於小兒科醫師，醫師起初診斷她患有便祕。但她的父母對於那項診斷不以為然，並要求做進一步的檢查，於是患者被轉診給一位胃腸科醫師。

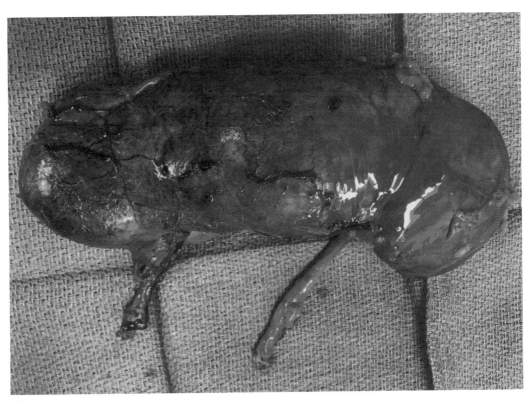

圖1

那位胃腸科醫師很關心這名患者的症狀，安排做更深入的檢查，包括超音波。這些檢查揭示了，這名患者並不是胃腸道出問題；真正的問題出在尿路。她患有一種嚴重病症——雙套輸尿管伴隨腎盂積水。

輸尿管是一條管子，讓腎臟製造的尿液得以進入膀胱，最終排出體外。在正常情況下，從腎臟往外的輸尿管只有一條，而雙套輸尿管則是一種先天性異常，腎臟在胎兒發育階段形成時，輸尿管可能分裂並構成雙條管路。

雙套輸尿管是腎臟最常見的先天性異常。許多人生來都有這種狀況，卻從來不曾發現。一個人可能終身具有雙套輸尿管，卻沒有任何併發症。但有些人，如同這個案例，則有可能出現危及性命的嚴重併發症。

雙套輸尿管是一種異常解剖結構，會使得身體排放尿液時產生問題，導致尿液回流，造成腎盂積水的情況。

這名患者接受檢查後，醫師判斷她的腎臟已經受損，必須動手術。醫師進行了兩次八個小時的手術，來修整她的雙套輸尿管。然而，手術並不成功。接下來，她被裝上一個腎造口袋（nephro-stomy bag）。這包含了安置在腎臟裡以繞過輸尿管的引流管；尿液從腎臟離開後，會經由引流管排出體外，流入腎造口袋。

她在裝了腎造口袋之後，症狀大幅緩解，醫師便決定切除她的左腎（圖1），當時她十四歲。

這名患者在摘除腎臟之後，終於開始擁有較高品質的生活。童年時期，她曾經因為多次住院，錯過了學業和假期。成年後，她應該可以過著正常的生活，只是身上少了一顆腎臟。

LIVIN GDONOR　活體捐贈者

◆

案例：25歲／美國・紐澤西州林德赫斯特鎮（Lyndhurst）

這個故事和本書介紹的其他案例很不一樣，因為這名患者沒有病理狀況！

她很健康，而且冒著生命危險來幫助一個命危的病人。

五年前，這名患者失去了父親。當時，她父親是紐澤西市警員，也是2001年9月11日最早到場的處理人員。他在911恐怖攻擊事件的處理過程接觸了化學物品，後來罹癌過世。

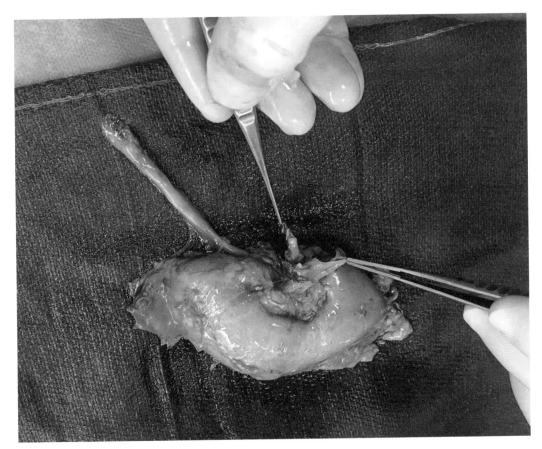

圖1

幾年後，紐澤西市有一名警員需要一顆腎臟，當她聽到這則消息時，想到了自己的父親；他是照亮她的生命之光。她想起父親對親友、所服務的社區都非常慷慨地付出，便希望能做點什麼來延續父親的使命。於是，她願意捐出一顆腎臟給那名警員。

她主動與醫院聯繫，表達自己的捐贈意願，不過，院方已經找到一位捐贈者。但她認為，既然自己下定決心要捐贈腎臟，便想成就這項公益舉動來榮耀父親。於是她簽署了文件，成為一名活體捐贈者。

活體捐贈者是自願將身上健康的器官，捐給一個因器官衰竭而命危的病人。倘若捐贈者本身很健康，就能捐出一個器官或器官的一部分，之後依然可以過著正常的生活。目前，活體捐贈者可以捐出一顆腎臟、一片肝葉、最多一側肺臟、部分胰臟，還有部分腸道。

在美國，每年大約有六千人將腎臟捐贈給其他人；不過，通常都是捐給近親或配偶。在每年的腎臟捐贈數中，只有不到5%是捐給陌生人。

大多數人天生都有兩顆腎臟，不過只需要一顆就能生存，另一顆備用。一旦決定當一名活體捐贈者，就意味著放棄了那顆備用腎臟。

她在捐贈前接受了一連串檢查，來確保她的身體狀態符合捐贈條件。她的腎臟很健康，可以進行移植。她還必須與社工人員、心理學家、營養師、藥劑師和泌尿科醫師面談，確保身心狀況已經做好了面對手術的準備。

她的腎臟摘除手術花了四個小時，接著又在醫院裡待了一天半（圖1）。因為她才二十五歲，復原得很快，不到一週就回復正常生活。至於那顆摘下來的腎臟，被空運送往加州，移植到一個陌生人的體內。她不認識受贈者；不過，從移植小組那裡聽說，對方植入新腎臟之後，復原狀況良好。

她認為，這是自己這輩子做過最好的決定，對身心來說都是如此，如今，她更有動力好好照顧自己，並且因為自己拯救了一條生命而感覺良好。

ONCOCYTOMA 嗜酸細胞瘤

案例：37歲／美國·亞利桑那州皮奧里亞市（Peoria）

這名患者在三十多歲時，突然開始出現高血壓症狀。經醫師指示後，他以藥物來控制血壓兩年，但其高血壓始終無法獲得真正的控制。醫師決定替他做一次超音波檢查，看看是不是腎臟出了問題才會造成高血壓。結果，超音波檢查發現，他的右腎長了一個腫塊。電腦斷層掃描也確認了這一點，於是醫師很肯定那是腎細胞癌（即腎癌）。一週後，他的右腎以手術完全摘除了（圖1）。

摘除的那顆腎臟被送往外科病理部化驗，經判定為非癌性的，是一個良性腫瘤：腎嗜酸細胞瘤。這是一種常見的腎臟良性腫瘤，卻很少發生在這個年齡層，大多好發於七十歲以上的高齡患者。儘管這類腫瘤是良性的，仍有一些罕見案例發現它們轉移（擴散）到骨骼及肝臟。因此，這類患者必須定期監測身體狀況。在多數情況下，這類腫瘤都可以用外科手術移除，並不會出現其他併發症。

只靠一顆腎臟生活，為這名患者帶來了一些限制。他必須禁用布洛芬（ibuprofen，抗發炎藥），還得避免高蛋白質飲食。除此之外，他的預後評估良好，現在高血壓的問題已經獲得控制了。

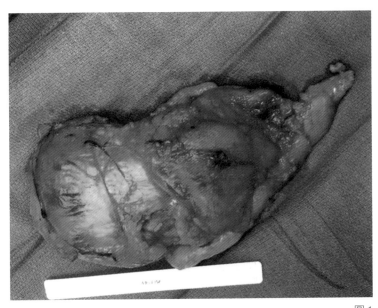

圖1

POLYCYSTIC KIDNEY DISEASE　多囊腎病變

案例：36歲／美國・密蘇里州聖路易斯市（St. Louis）

這名患者從十八個月大開始，在六個月內出現四次膀胱感染。第四次感染之後，小兒科醫師把她轉介到一家兒童醫院的泌尿科。該科醫師替她做了一次超音波檢查，診斷她患有「自體顯性多囊腎腎臟病」（autosomal dominant polycystic kidney disease, ADPKD，中文簡稱多囊腎）。

多囊腎是一種遺傳性的體染色體顯性特徵。這代表，倘若雙親之一攜帶一個多囊腎突變基因，其子女就有五成機率會罹患這種疾病。但是，就算雙親都沒有多囊腎，子代也可能在胎兒發育期間基因自行突變而出現這種病症。本案例就是這種情況。

這名患者經診斷患有多囊腎，所有家人都接受了檢查，以尋找那種基因突變，結果他們全部都是陰性。即便她的多囊腎突變不是遺傳自任何一位親代，她依然有可能把這種屬性傳遞給往後生育的任何子女。

具有這種突變基因的患者，多半都會在三十歲到五十歲之間發展出多囊腎，因此，這種疾病也稱為「成人型多囊腎」。在某些情況下，有些人可能在童年時期就表現出這類症狀，這名患者就是如此。

當多囊腎患者的腎臟開始長出囊腫，腎臟本身就會逐漸被囊腫取代。過了一段時間，腎臟裡的囊腫變得相當多，就不再有正常的組織留存。

一旦兩顆腎臟都被囊腫占據，患者就會出現腎衰竭。人體必須至少擁有一顆功能正常的腎臟，否則就無法存活。

在診斷確定後，患者必須限制咖啡因的攝取量，因為咖啡因會導致囊腫加速生長。這些年，她的生活很正常，身體並未出現任何症狀，不過，隨著年齡增長，症狀開始加劇。十五歲時，她因為高血壓而開始服藥。

她以藥物控制血壓多年，直到三十歲左右，她開始感覺容易疲倦，於是去看腎臟科醫師做例行檢查。經檢查後，她被告知已經出現第三期腎衰竭，必須做腎臟移植手術。在等候移植的這段期間，她的疲倦程度益發嚴重，腎功能也降到只剩下6%。她必須辭去工作，申請殘障津貼。

某一天，在一次家族聚會上，她把自己的病況告訴男友的表嫂。表嫂很熱切地表示：「我會把我的腎臟給妳！」但她們並不是很熟，只在幾次家庭聚會上聊過天，因此她承受不起對方的好意，同時也沒有多想。幾年下來，也有不少人對她說過同樣的話，如今真的有移植需求了，卻沒有人主動詢問是否需要履行當初所做的承諾。

這時，她必須安排手術時程，以開始接受腹膜透析療法，但她感到害怕，於是把時程推遲了好幾個月。腹膜透析可以取代腎臟的功能，其醫療處置包含將一根管子以手術置入腹腔內。在進行腹膜透析時，會有一種稱為「透析液」（dialysate）的清潔用液體，循環流經這條管道，從腹部襯壁上的血管吸收身體生成的廢棄物，然後這些廢棄物會被抽出到體外去除。

當時，她不知道男友的表嫂正在私下進行檢查，打算成為活體腎臟捐贈

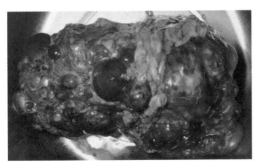

圖1

者。表嫂在檢查後，被判定為優良捐贈者。2019年的聖誕節，家人告訴這名患者，她將得到一顆新的腎臟。幾個月後，患者完成了移植手術，而且捐贈者的狀況很好，手術後並沒有併發症。

在移植當時，醫師決定將患者原本的兩顆腎臟都留在體內，因為在同一次手術中將它們一併摘除，風險太高了。患者被告知移植手術成功，但基於這種疾病的特性，原本罹患多囊腎的腎臟還是會繼續增生囊腫。

往後幾年，那對多囊腎繼續增長，患者也愈來愈不舒服。她在進食、呼吸、彎身和移動上都備感困難。她做了一些研究，發現美國另一州有一位外科醫師能以腹腔鏡（經由細小切口，並以內視攝影機輔助）摘除病變的腎臟，她就不必再接受動大刀切開身體的手術。

那位醫師成功將她的病變腎臟摘除，發現每顆各重五公斤多（圖1），而一般健康的腎臟各約為0.15公斤。

如今，她的新腎臟可以發揮66%的功能，而且她感覺十分良好。只要她的身體沒有出現排斥情況，那顆新腎臟就能運作良好。醫師表示，從活體捐贈者得到腎臟，讓她有更高的機會活到高齡，遠勝過從死後捐贈者獲得腎臟的情況。每天，她都心懷感恩，感謝當初冒了生命危險來拯救她的男友表嫂。

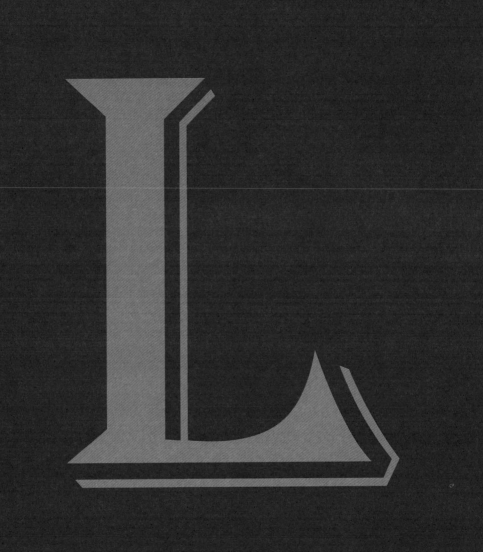

LIVER 肝

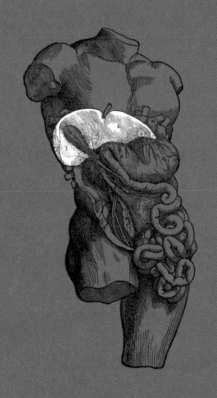

　　肝是人體最大的內臟，具有數百種重要的功能。它負責濾除血液中所含的毒素、貯存重要的養分、生產凝血因子，並製造能協助分解食物所含脂肪的膽汁。沒有肝，人類就無法存活。所幸，我們的肝大多都擁有驚人的再生能力，受損時能自行癒合。不幸的是，在某些情況下，肝受損有可能演變成不可逆的，不論那是自然損壞或是因接觸外物引起，都會對患者構成危及性命的情況。

ALCOHOLIC CIRRHOSIS 酒精性肝硬化

案例：66歲／美國・俄亥俄州梅迪娜市（Medina）

這名患者有長達三十年的酒癮。在他生命的最後兩年，酒精攝取量持續增加，進展到飲用大量葡萄酒、伏特加和啤酒，而且早、午、晚都喝。

他的身體出現許多症狀，包括腹脹、脹氣、食慾不振、呼吸困難、精神錯亂、體力虛弱，於是前往就醫。醫師進行的初步檢查顯示，他的肝酵素（Liver Enzymes）和氨的含量都升高到危險程度。他還做了一次電腦斷層掃描和一整套體檢，經診斷患有末期肝病，以及酒精性肝硬化所引致的腹水。

長期飲酒對肝臟具有毒性。起初，只要患者停止飲酒，肝臟所承受的損傷是可以修復的。但要是持續飲酒，過了一陣子，肝臟會留下疤痕，或形成肝硬化。一旦肝臟出現疤痕，對於流經肝臟的血管所施加的壓力就會升高，進而導致血液中的流質回流到組織和體腔（即形成腹水）。腹水會導致腹部變大並帶來龐大的壓力。

不幸的是，這名患者得知自己的身體狀況已經進入末期。醫師為他進行「腔液穿刺術」（paracentesis），讓他的餘生可以過得舒適一些。這個療法的目的是要排出流質，紓解器官承受的部分壓力。每一次他的腹部接受腔液穿刺術時，都能排出五、六公升的流質。然而，腔液穿刺術只是一種暫時性的措施，患者體內的流質還是會重新累積，必須再次接受這個療法。

這名患者在拍攝這張照片之後的一個月就過世了，死於酒精性肝硬化所致的併發症。

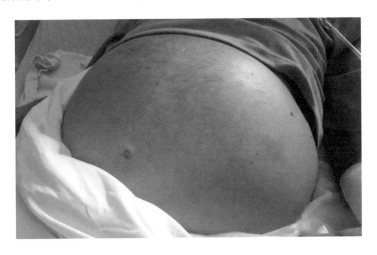

BILIARY ATRESIA 膽道閉鎖

案例：13個月／美國・奧克拉荷馬州弗迪格里斯鎮（Verdigris）

這名嬰兒誕生時，除了體重略低於平均值將近五百公克以外，看起來很健康。她出生時，因為腹部膨大而照過X光，醫師診斷她有脹氣。往後幾個月，這名女嬰的體重並沒有增加，而且糞便色淺並呈黏土狀。此外，她的眼白帶了一點蛋黃色澤。即便如此，醫師似乎並不擔心女嬰的狀況。

有一天，女嬰的母親發現她的眼白呈現鮮黃色，便向小兒科醫師求助，要求做檢查。醫師同意了，隔天檢查結果出爐，得出的異常數值讓醫師很驚訝，便指示那位母親盡快帶女嬰去大醫院掛急診，因為嬰兒的肝酵素指數過高。

他們到醫院掛急診後，接著又被送往約兩個小時車程以外的一家兒童醫院，以便讓女嬰由肝臟科醫師進行詳細的檢查。

那位醫師在一週內為女嬰做了多項檢查，想要找出肝酵素指數偏高的原因。她接受了一些探察式醫療處置（exploratory procedures）來檢查肝臟和膽管。醫師取下了她的一小片肝臟（稱為活體組織切片），送去外科進行病理

檢驗。後來，女嬰被診斷患有「膽道閉鎖」（biliary atresia），那時她才三個月大。

膽道閉鎖是一種罕見病症，這名新生兒的膽道天生就有缺陷。通常，膽汁都是由肝臟製造，然後輸送到膽囊並貯存在那裡。但是，這名患者的膽道並未發育完全，導致肝臟製造的膽汁無法順利輸送，因而逆流回到肝臟。膽汁回流則會造成肝臟受損，最終還會導致肝硬化。患有膽道閉鎖的人，若不進行肝臟移植手術，多半都會死亡。

膽道閉鎖的原因不明，也沒有已知的治癒方法。在某些情況下，可以採行一種外科手術來繞過異常管道，讓膽汁直接灌注進入小腸。但這種醫療處置並不能治癒膽道閉鎖，只能為患者爭取一些時間，推遲必須接受肝臟移植的期限。然而，這名嬰兒不能選用這種醫療處置，因為她在三個月大診斷確定時，其肝臟已經遭受不可挽回的損害。

經醫師診斷後，女嬰被列入移植名單，等待超過兩個月之後，她接受了救命手術：完成一次肝左葉移植。她的病

變肝臟被送往病理科檢驗（圖1）。

　　這次的移植手術很成功，而且她在手術後短短十二天就可以出院了。

　　由於膽道閉鎖而進行的肝臟移植，有很高的成功率，不過仍然有併發症的風險，包括對捐贈器官的排斥。這名患者的餘生都必須為這種狀況服用藥物。

　　接受移植的人被視為免疫受抑制者，對某些類型的感染有較高的風險，例如伺機性感染（opportunistic infection），這類感染是由某種有機生物（細菌、病毒等）引致的感染，通常不會讓健康的人生病，但有機會讓免疫系統脆弱的人患病。

　　這名女嬰和她的母親先前走過了一段艱辛的路，在女嬰接受移植手術並感到日子比較好過之後，她的人生才真正開始。手術前的她，存活機率渺茫，完全無法吃任何泥狀或固態食物。由於她沒辦法吸收養分讓體重上升，只能以灌食延命，以至於沒有正常的童年。

　　女嬰在接受移植之後，迄今都能自行進食並增加體重，並在十二個月大時開始爬行。她的成長過程應該可以順利邁向青春期，只是餘生都得持續接受膽道閉鎖監測。

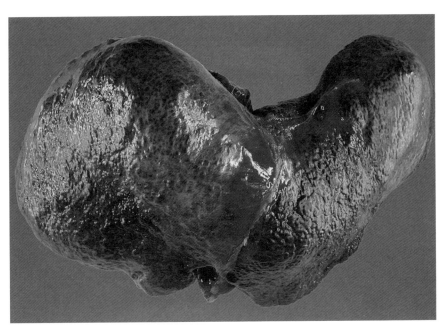

圖1

LYMPHATIC SYSTEM 淋巴系統

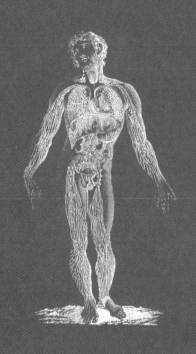

　　淋巴系統協助維持全身體液的平衡，並發揮免疫系統的部分功能。這是由組織、器官和管道共同組成的網絡。其中的管道負責輸送稱為「淋巴」的流質，淋巴是來自組織的血液濾液。淋巴液沿著這類管道移動，並通過數百個稱為「淋巴結」（lymph node）的細小豆狀結構以進行過濾。淋巴結具有過濾作用，能摧毀任何異物（好比細菌和病毒等）並清潔淋巴液。而淋巴液在淋巴系統的組織或器官中過濾之後，會返回血液裡以維持體液的平衡。淋巴液流動得很緩慢，因為它沒有類似循環系統所具有的泵（幫浦）來推動，而是靠重力和運動自由流動。若是出現病理狀況，淋巴液就會回流，對患者的生活品質造成重大影響。

PRIMARY LYMPHEDEMA　原發性淋巴水腫

◆

案例：65歲／美國‧賓州哈利斯維爾區（Harleysville）

這名患者在十五歲時注意到自己的左小腿有浮腫的情況。她母親是一名護理師，也很擔心這種症狀，於是立刻帶女兒去醫院檢查。往後幾年，這名患者持續接受監測和檢查。但醫師不確定她的腿部為何會腫脹，後來才診斷為原發性淋巴水腫。

她的原發性淋巴水腫治療方法，包括手工淋巴液排流（淋巴按摩）、利尿劑、經常抬腿，以及穿著壓力衣。有一次，她接受淋巴按摩，結果從身體排出了十七公升的體液！

原發性淋巴水腫並不像繼發性淋巴水腫那麼常見；所謂的繼發性，是指由於淋巴管道受創，產生結痂和阻塞所致，這種創傷可能出自車禍、寄生蟲感染和癌症治療等外科手術。

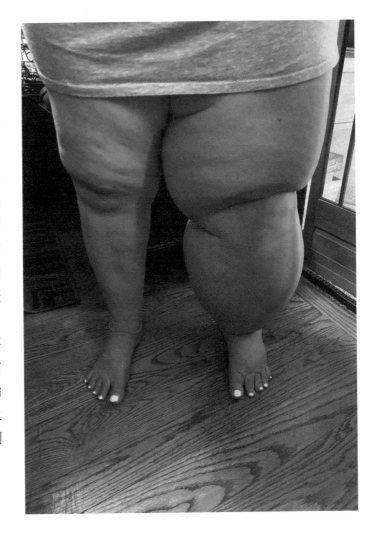

SECONDARY LYMPHEDEMA 繼發性淋巴水腫

案例：44歲／美國・德克薩斯州沃思堡市

三年前，這名患者發現右乳房出現腫塊。她做了活體組織切片和影像學檢查，經診斷為乳癌第三期，醫師排定進行雙乳切除手術，將她的雙乳切除。

在手術過程中，醫師還進行了另一項醫療處置，來判定癌症是否已經擴散至腋窩，這項步驟稱為「前哨淋巴結切片術」（sentinel lymph node biopsy）。腋窩具有一系列的淋巴結，負責排放來自手臂、乳房和胸膛的體液。倘若癌症局部擴散至腋窩淋巴結，就有更高的機率會擴散到肝臟或骨骼等較遠的部位。

手術進行時，醫師將放射性藍色染料注入乳房腫瘤，來確定腋窩第一個（前哨）淋巴結的位置，也就是腫瘤的排流位置。接著，醫師會將那顆淋巴結移除並送往外科病理部門檢驗。當患者仍處於麻醉狀態時，一位病理學家會把握時間以顯微鏡檢視那顆淋巴結。倘若沒有出現癌症，外科醫師就會把腋窩淋巴結保留下來。

然而，這名患者的癌症已經擴散到前哨淋巴結，外科醫師便將她右腋窩的所有淋巴結全部移除。如此一來，患者的那隻手臂無法再排流，餘生都會感覺腫脹及不適。

進行前哨淋巴結切片術的目的，是為了避免那些癌症擴散風險較低的患者接受不必要的手術，並預防繼發性淋巴水腫。對這名患者來說，移除淋巴結是必要的，如此才能防範癌症擴散，卻會導致繼發性淋巴水腫。為了處理腫脹問題，她必須穿著壓力衣。儘管繼發性淋巴水腫永遠成為她生命中的一部分，但總比乳癌轉移好多了。

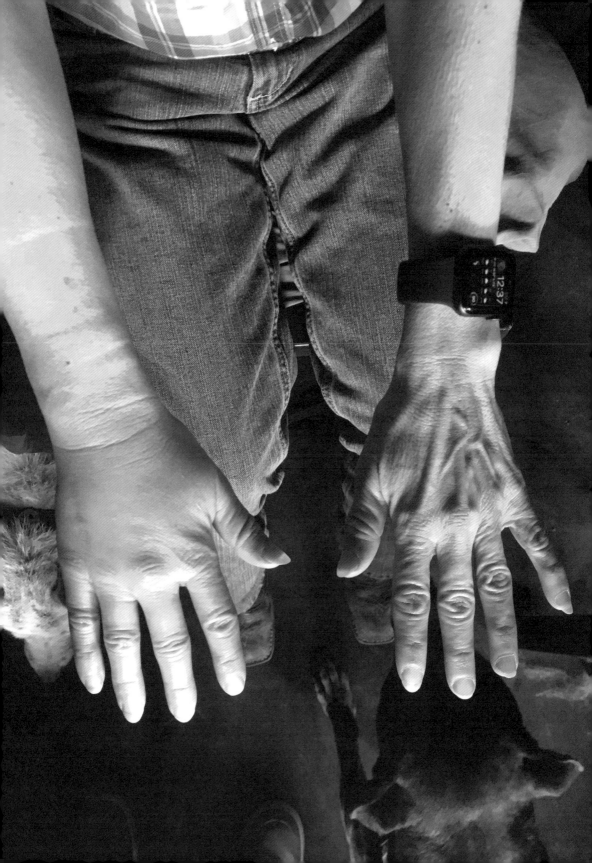

MALE REPRODUCTIVE SYSTEM
男性生殖系統

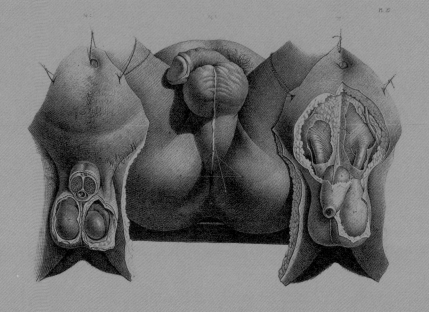

　　男性生殖系統的構造是為了一個目的而設計的：製造嬰兒。
這套系統的部件包括睪丸，睪丸安置在陰囊裡，負責生產精子；
前列腺能製造一種傳輸精子的液體；它們共同製造精液，經由陰
莖排出體外。不過，陰莖不只用來排出精液；男性的尿道具有雙
重輸運系統的作用，能排放精液及尿液。男性生殖道的病理狀況
會引發嚴重不適及難堪窘境，以及不育的問題。

ORCHIECTOMY 睪丸切除術

案例：31歲／美國‧猶他州西喬丹市（West Jordan）

這名患者在一次例行自我檢查時，察覺他的左睪丸長了一個腫塊。他跟醫師約診，醫師檢查時，堅稱那個腫塊是囊腫，不必動手術。為了驗證這個診斷，患者決定徵求其他醫師的意見，結果另一位醫師建議開刀移除。

最後，這名患者決定聽從第二名醫師的建議，動手術移除那些囊腫，這項決定徹底改變了他的生活。

手術時，醫師從左睪丸的附睪（epididymis）移除了好幾顆囊腫，這原本是一項常見而單純的手術。

睪丸是男性的性器官，以解剖結構來說，它們位於體外，是以一種稱為「精索」（spermatic cord）的結構附著於身體。精索有一部分位於體外，另一部分位於體內。這條索狀結構有多條血管，還有一條管道將精子從睪丸輸運到體內。男性睪丸的功能是生產精子。在睪丸生產的精子，會先通過一條稱為「附睪」（epididymis）的螺旋管道，這是位在睪丸外面的外部結構。接著，精子經由一條管道進入身體內部，再從陰莖排出。睪丸的外部結構全都裝在一個

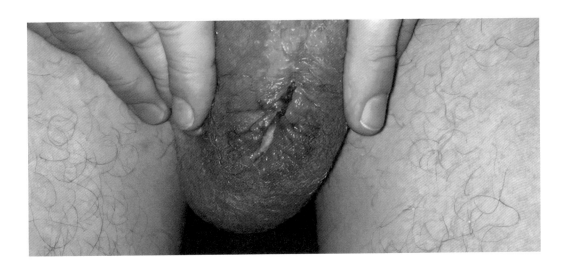

稱為「陰囊」的保護性皮囊裡。

　　基於不明原因，附睪裡的精子有時會逆流堆積，形成囊腫。附睪裡的囊腫稱為「精液囊腫」（spermatocele）。倘若囊腫增大，患者從陰囊表面就觸摸得到。

　　精液囊腫是良性的，在多數情況下不必處置。有時，患者長了囊腫後會感到疼痛不適，就可以用手術來移除。手術進行時，會在陰囊上切出一道開口來觸及附睪。這項手術帶有一點風險，最常見的是切口處後方出現血塊。

　　這名患者在手術後約診時，外科醫師認為切口癒合良好，但患者感覺那道切口非常疼痛，依然滲血並發出惡臭。

　　約診後不久，這名患者必須出差，搭機當天來回。飛行過程中，他感到睪丸疼痛不已，下機後檢查陰囊，發現切口裂開並滲血，便馬上趕往醫院。

　　醫師檢查了裂開的切口，並判定有嚴重的感染：二甲苯青黴素抗藥性金黃色葡萄球菌。醫師告訴他，必須動一項緊急手術，切除受感染的睪丸，也就是「睪丸切除術」（orchiectomy）。這項手術很激進，卻是救命所需。

　　金黃色葡萄球菌常見於鼻腔內，有時也會在人類的皮膚上發現。這種細菌會造成葡萄球菌感染。「二甲苯青黴素抗藥性金黃色葡萄球菌」也是一種葡萄球菌感染，但由於它對多種抗生素具有抗藥性，因此症狀會更加嚴重，也更難掌控。

　　當患者的第二項手術執行後，所有受感染的組織都已經被移除了，包括他的左睪丸。那個切口保持敞開數週，在那段期間，這名患者還能看到陰囊裡的另一顆睪丸。

　　手術後，醫師開立好幾種抗生素給這名患者服用，然而，那種細菌的抗藥性很強，花了超過八個月才完全把它從患者體內消滅。

　　一般而言，手術後發生這類感染的風險很低，但還是有可能發生。這起感染事件對這名患者的身心都造成了傷害，他很後悔沒有聽從第一位醫師要他別去理會那些囊腫的建議。

　　巧合的是，當他接受睪丸移除手術時，他的妻子也在醫院生下他們的第二個孩子。而他的手術併發症和後續感染，導致他無法再生育了。

　　儘管不能再生育一事，讓這對夫妻感到失望，他們依然很慶幸感染事件沒有奪走患者的性命。

VASECTOMY 輸精管切除術

案例：46歲／比利時·布魯日市（Bruges）

這名患者和妻子在第二個孩子出生以後，決定採行一種比較永久性的生育選項：絕育。男性絕育是以「輸精管切除術」來進行。

若要成功受孕，男性的性細胞（精子）就必須與女性的性細胞（卵子）結合。男性的睪丸負責生產並貯存精子。射精時，精子會經由輸精管離開睪丸，接著與前列腺產生的液體結合形成精液。當精液射出體外，進入女性體內，就能與卵子結合。

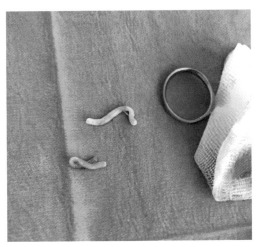

圖1

以解剖結構來說，輸精管是一條同時位於男性體內和體外的管道。輸精管的體外部分，是在陰囊裡從睪丸向外延伸，隨後才進入體內。這讓外科醫師得以在門診中輕易觸及輸精管。

進行輸精管切除術時，醫師會將每條輸精管切除一小段（圖1），同時將管道各端繫緊或燒灼封死。

患者接受這項手術之後，不會立即失去生育能力。精子依然會在睪丸中產出，液體也會在前列腺中形成。患者必須再射精約二十次，才能確保沒有殘留的精子通過。

手術後大約六週到十二週，患者必須提供精液樣本，來確定手術是否成功。精液會被送到實驗室，在顯微鏡下進行檢視分析。

多數情況下，輸精管切除術是一種可靠的生育控制法，卻不是百分之百有效。在罕見的情況下，精子依然會跨越管道的斷口兩端並導致卵子受精。雖然輸精管切除術被視為永久性的絕育選項，但仍有可能逆轉並讓女性懷孕。

PENISTRAUMA 陰莖創傷

這名患者和妻子在家裡客廳的長沙發上做愛。她坐在他的陰莖上，就在她上下移動時，他的陰莖卡住並發出「啵」的一聲。

他們看著他的陰莖，只見鮮血從頂端汩汩湧出，頓時猛烈噴濺，射向天花板，然後流到餐廳和走廊的地板上。

妻子看到丈夫流了這麼多血，十分驚恐，於是打電話叫救護車。這名患者被送進急診室，進行了各項檢查，包括電腦斷層掃描和一項膀胱鏡檢查，還有膀胱掃描。醫師在進行膀胱鏡檢查時，會把一條細管插入陰莖內部並將對比劑（顯影劑）注入膀胱，以便更清楚地檢視。他們在這項檢查中，並沒有發現膀胱、尿道或前列腺有任何異狀。

這名患者的出血止住了，不必做任何處理。他被告知在六週內避免勃起，不過，他在離開醫院四天後，有一天半夜勃起之後醒來，發現床單上都是血。往後兩週，他又多次發生了勃起時都會無痛出血的情況。

他得等到三週後才能去看泌尿科醫師。不過，創傷在那段期間痊癒了，醫師依然無法判定出血的真正原因。這對夫妻得知，失血很可能是肇因於陰莖受傷時一條血管破裂所致。因此，醫師告訴他們，未來在從事性活動時必須更謹慎。自從那次受傷痊癒以後，這名患者就不再有出血的情況了。

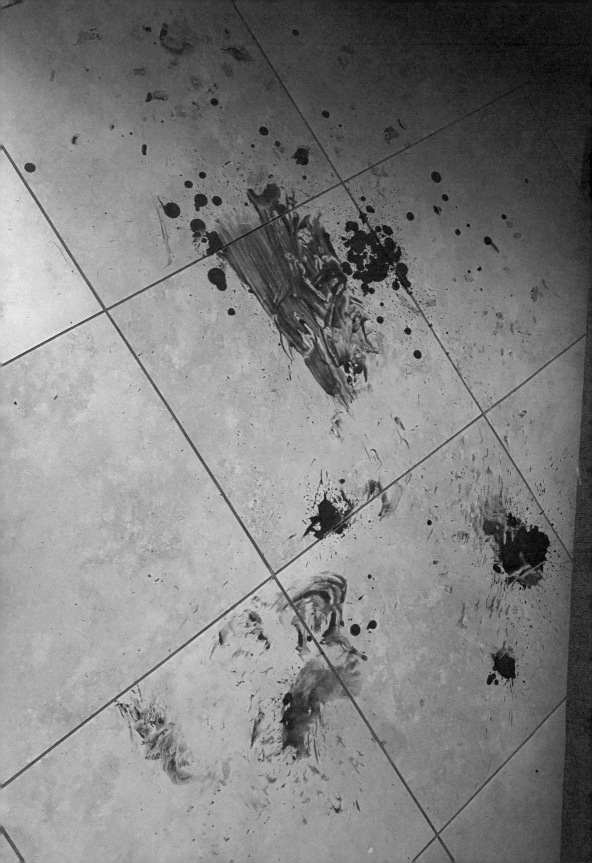

NAILS 指（趾）甲

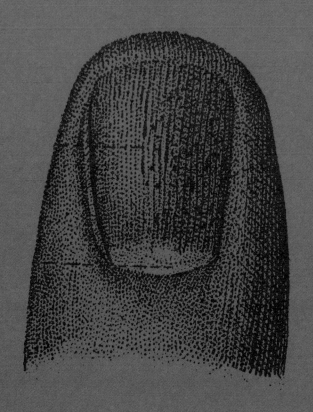

　　手指甲和腳趾甲的成分與毛髮相同，都是由「角蛋白」（keratin）這種蛋白質所構成的。角蛋白是由死亡細胞所形成的蛋白質，這就是為什麼剪指（趾）甲時不會痛。儘管指（趾）甲的解剖構造，是為了保護手指和腳趾前端而設計，它們也可以成為觀察患者健康狀態的窗口。

BEAU LINES 博氏線

◆

案例：38歲／美國·愛達荷州莫斯科市（Moscow）

二年前，這名患者經診斷患有第二期乳癌。目前，在美國進行乳房X光攝影檢查的建議年齡是四十五歲，除非女性長有腫塊或有乳癌家族病史。本案例的患者很早就做了乳房X光攝影檢查，因為她同母異父的姊妹在三十一歲時罹患乳癌，她母親也在五十八歲時患有乳癌。她們全都做了一種與家族乳癌相關的常見基因突變檢查，結果大家都是陰性。

在這名患者經診斷罹患乳癌的前一年，她在乳房X光攝影篩檢中看到一個

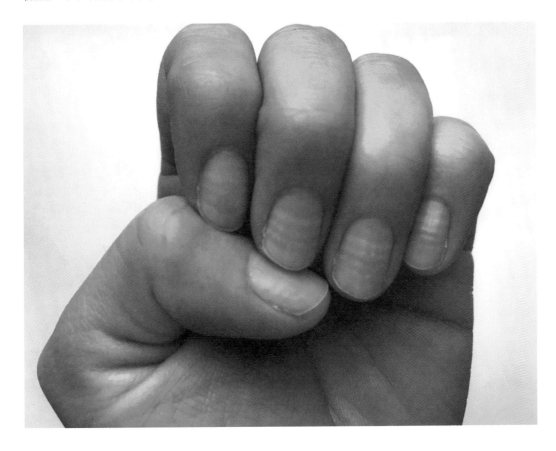

囊腫。醫師告知她，這種囊腫可能會出現變化，必須密切關注。後來，囊腫開始增大，也導致她的乳頭移位。她再次進行乳房X光攝影時，跟醫師提到這種變化，於是醫師安排她再做一次更細部的乳房X光攝影。那片陰影範圍看起來很可疑，於是她又做了一次超音波檢查來獲知更多細節。進行超音波檢查時，醫師會使用一根針穿刺並吸取小片腫塊，這道程序稱為「針刺活體組織切片檢查」。這片組織交由一位病理學家以顯微鏡檢驗，確認患者有浸潤性腺管癌（invasive ductal adenocarcinoma, IDC，又稱侵襲性腺管癌），也就是乳癌。

從影像學檢查來看，可疑範圍很小（不到一公分）；不過，由於她有家族病史，醫師建議她將兩邊乳房都切除。這項手術稱為「雙乳切除術」。那個切除的乳房經病理檢驗後，發現腫瘤尺寸比影像學檢查所示大了三倍（3.48公分）。由於腫瘤尺寸很大，她經診斷患

有第三期乳癌，並被告知必須進行化學治療。

化學治療是一種藥物療法，目的是要消滅體內的癌細胞。患者可能分採不同藥物來治療，取決於他們的醫療病史、罹患的癌症類型，以及開立化學治療處方的腫瘤科醫師而定。

這名患者在經過三輪化學治療之後，發現手指甲出現變化，她出示給腫瘤科醫師看，醫師告訴她，這種手指甲的改變稱為「博氏線」，與化學治療有關。

博氏線常見於接受特定化學治療藥物的患者。這些指（趾）甲甲板上的橫溝線，可能肇因於指（趾）甲生長中止所致，起因是疾病或接觸到毒素；每條線都代表曾經接觸過毒素，就本例而言則是化學治療。

自從這名患者接受了雙乳切除術和四輪化學治療之後，檢查結果顯示患部很乾淨，找不出乳癌復發的證據。

AVULSION 撕除

案例：25歲／美國‧亞利桑那州皮奧里亞市

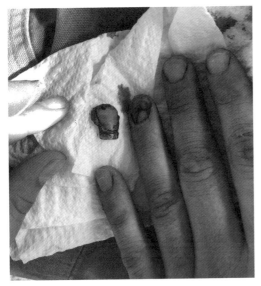

有一天，這名患者為了裝設柵欄門，使用鎚子打標樁。他向下鎚打時，卻砸中自己緊摁在路邊石頭上的手指，砸斷了指尖，也把指甲整個撕扯下來。

因外傷失去指甲的情況，稱為「撕除」。指甲本身沒有神經末梢，不過它的功能是保護指尖，而那裡就有許多神經末梢。這就是為什麼傷到指甲時會那麼疼痛。

指甲創傷有可能對指（趾）甲根和指（趾）甲床造成永久性的損傷。這類傷害一般都可以由急診室醫師修復，不過，一些比較嚴重的創傷，可能需要由手部外科醫師來處理。

儘管患者這次受傷看起來很嚴重，但傷勢經急診室醫師評估後，發現並沒有傷及指甲根或指甲床。治療方法很簡單，只需要用一組夾板來固定手指，讓骨折的指尖癒合，並讓指甲長回來。

不到兩個月，他的指甲完全長回來，卻也變形了。過了一段時間，指甲恢復總算常態，也看不出先前受傷的痕跡。

CLUBBING 杵狀膨大

這名患者出生時看起來很健康，但在十一個月大左右，感染了病毒性呼吸道疾病。隨著時間流逝，患者的病況並沒有好轉，反而逐漸加劇。原本是常見的小兒感冒，卻轉變成更糟糕的狀況：嚴重肺炎。

在這名患者住院後，醫師嘗試判別是什麼因素導致這名看似健康的嬰兒，染上這種重症。經過多次諮詢和多項檢查後，她被診斷為患有一種稱為「肺動脈閉鎖」（pulmonary atresia）的先天性病症。

在正常情況下，我們把氧氣吸進肺臟，經由肺臟轉移到血液中，並由血液攜帶氧氣輸往人體全身的器官。當器官耗盡所有氧氣，減氧血（deoxygenated blood）就被送回到心臟右側。這批血液通過心臟右側並進入肺臟，到那裡擷取氧氣，再回到心臟左側，然後就被泵出並經由主動脈輸往全身其他部分。

一旦胎兒罹患肺動脈閉鎖，在發育期間，位於心臟右側、負責管控減氧血進入肺臟的瓣膜，就不能妥善發展。當新生兒誕生後，身體很難將充足的氧氣輸運到所有器官。

對發育中的胎兒來說，肺動脈閉鎖不會造成問題，因為母體和胎盤都會協助替胎兒供氧。胎兒在子宮內時，從母體那裡獲得氧，因此，心臟有個孔洞（卵圓孔〔foramen ovale〕）可供血液繞過肺臟。在正常情況下，胎兒出生後會自行供氧，心臟的圓孔也會在短時間內自行閉合。不過，遇到肺動脈閉鎖的情況時，這個圓孔有可能不會閉合。

此外，在肺動脈和主動脈之間，還有一條小動脈形成暫時連結，這條岔道稱為「動脈導管」（ductus arteriosus），通常也會在嬰兒出生之後閉合，不過，在肺動脈閉鎖的情況下，它就會保持開啟。

肺動脈閉鎖是一種先天性缺陷，發生在胎兒發育時期。我們不清楚胎兒的心臟為何在發育時期形成缺陷，但有可能是肇因於基因缺陷或母親在懷孕時接觸藥品、感染病毒等等。

由於這名患者有肺動脈閉鎖的情況，肺臟接收不到所需的充氧血，身體必須設法循其他管道，讓充氧血進入肺

臟。在她出生後的頭幾個月，身體為了彌補這項缺失，便讓動脈導管保持開啟，並形成好幾條新血管，稱為「副血管」。於是，異常狀況就這樣隱藏了好幾個月。

在多數情況下，肺動脈閉鎖都是在嬰兒出生後缺氧才被發現，這可能會讓新生兒的皮膚帶有藍灰色，但也取決於嚴重程度。這名患者一直到感染了病毒，才表現出症狀。一開始診斷確定時，醫師讓她服用藥物以使必要的血管

保持開啟，也就是在她出生後的頭幾個月形成的那些血管。這項療法很有效，持續了好幾年，讓這名患者能夠擁有比較正常的童年生活。在她長大以後，也發現自己的身體異常；指甲形狀比較奇特——指尖較寬，而且指甲彎曲並覆蓋指尖。

她是在旁人指出之後，才意識到自己的指甲長得不一樣。醫師解釋，這種症狀與罹患某種心肺疾病有關。那種疾病稱為「指甲杵狀膨大」，由於指甲的甲板彎曲，使得手指頭看起來就像一支鼓槌。

這些患者的指甲杵狀膨大的起因不明，不過據信是血中缺氧導致釋出生長因子，刺激了指尖末端軟組織，因而造成膨大。

在這名患者十五歲到二十一歲這段期間，藥物治療開始失效，導致她數度住院還戴上氧氣罩。醫師發現她的狀況十分嚴重，於是將她納入心肺移植候選名單。

如今，她的病況還是靠藥物治療穩定下來。由於心肺移植手術的風險極高，醫師認為動手術對她來說或許太危險了。

NERVOUS SYSTEM 神經系統

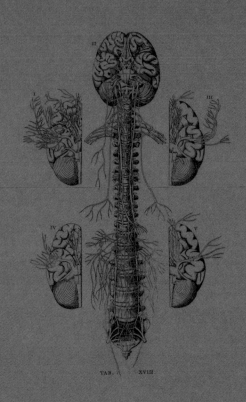

　　神經系統讓人類的腦（人體的中央控制系統）能在體內往返傳遞訊息。這套系統由腦、脊髓和神經共同組成，包含了幾十億顆能對出自體內及來自外部環境的刺激做出反應的神經細胞。當神經系統受損時，取決於受損部位，有可能表現出輕微不便到嚴重失能的種種症狀，最終可能導致死亡。

PARAPLEGIA　截癱

案例：22歲／美國・德克薩斯州達拉斯市（Dallas）

這名患者直到兩歲大時才會走路。她開始走路時，步態及行走方式很不尋常。家長將這些狀況告知小兒科醫師，但醫師卻不以為意，甚至還開玩笑說這孩子是個「懶寶寶」。

直到患者四歲大，家長對於她的異常步態愈來愈憂心，於是帶她去找另一位小兒科醫師，徵求另一種意見，並安排做了一次磁振造影，結果有問題的地方清楚呈現。醫師診斷她患有脊椎先天性異常，包括隱性脊柱裂（spina bifida occulta）和脊髓粘連（tethered cord）。

隱性脊柱裂發生在胎兒發育期間，脊椎骨沒有妥善形成，導致脊骨出現裂縫。有時，脊髓會卡在裂縫中，形成一種稱為「脊髓粘連」的狀況。在正常情況下，脊髓應該在脊柱管中自由滑動，讓幼兒得以成長。這名患者的脊髓還有縱裂現象，稱為「脊髓縱裂」（diastematomyelia），並造成她有「脊柱側彎」（scoliosis）的情況（圖1），這兩種症狀常見於隱性脊柱裂患者。

儘管這些症狀都是先天性的，也就是在胎兒成長階段就發生的，卻無法在母親懷孕時以超音波檢查來得知。

在這名患者的生命歷程中，動了六次手術來緩解脊髓粘連。每次手術過後，傷口都能癒合，但後遺症都會再次出現，包括腿部虛軟、喪失感覺、足下垂（foot drop，註：步行時腳掌不能向上提起）、尿失禁。在第四次和第五次手術之後，她開始喪失行走能力，並且在第六次手術之後，年僅十七歲的她，就已經無法走路了。她變成不完全截癱，從此得靠輪椅代步。

她的損傷都位於胸椎高度（中後背），第十到十二節胸椎骨的部位。為了緩解脊髓粘連而施行的那些手術，造成反覆創傷，導致下半身局部癱瘓。稱為「不完全截癱」的原因在於，儘管她不能走路，但雙腿依然有知覺。

就在患者失去行走能力的那段期間，有一次她使用一款具有自動斷電功能的電毯，並將溫度設定為低熱度。然而，當晚那條電毯並沒有斷電，隔天她醒來時，右臀已經出現了大面積水泡的

二級燙傷（圖2）。由於她是一名截癱
患者，只好找一位特殊看護來照料她的
傷口；直到三個月後傷口才癒合。

　　完全或幾乎感覺喪失的患者必須特
別小心，因為萬一出了狀況，他們無法
感受到疼痛。一旦這些患者受傷，恢復
的速度往往會比一般人更慢。

　　在電毯燙傷事件之後，這名患者又
遭受了一次重傷，那是她在某個主題遊
樂園搭乘雲霄飛車時所受的傷。雲霄飛
車的劇烈搖晃讓她的下背部表皮受傷。

　　往後三年，這個傷口都沒有癒
合，甚至持續惡化，轉變成第四期褥
瘡（decubitus ulcer）。這是一種嚴重感
染，造成一處破壞性傷口，深及下背
的深層肌肉組織。這類感染可能危及性
命，因為細菌會轉移到背部深處，甚至
到達底下的脊骨，還有可能傳遍全身。
這次輕微的受傷，導致了往後多年的多
次手術和住院，不過，傷口最後還是癒
合了。

　　她仍承受著慢性神經疼痛的問題，
而且往後的餘生都必須謹記自己有感覺
喪失的情況並小心行事，避免再度受
傷。

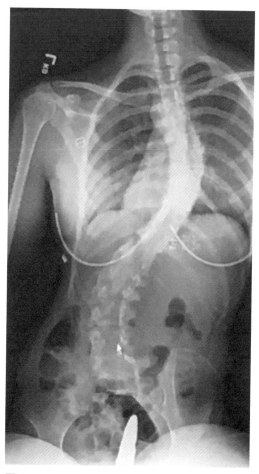

圖1

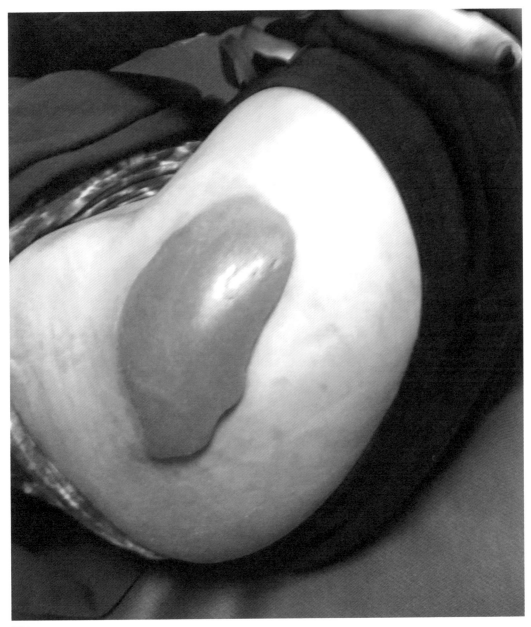

圖2

NOSE 鼻

　　人們的鼻子有各種不同的形狀和尺寸，是一種很好分辨的解剖特徵，就位於臉部的前中央。不過，鼻子不只是臉上的一種外觀特徵，也是一種複雜的器官，呼吸系統的第一個部分。當我們吸氣時，鼻孔裡的細毛會吸附灰塵和碎屑，把它們篩濾到黏液中，接著向下推進咽喉後側，再讓我們吞嚥下去。鼻子還負責嗅覺，這種感覺會在記憶和情緒上扮演關鍵性的角色。鼻子的病理狀況可能造成呼吸問題及面容毀損，也會帶來情緒困擾。

PERFORATED NASAL SEPTUM 鼻中隔穿孔

案例：40歲／美國・科羅拉多州威斯敏斯特市（Westminster）

這名患者在青少年時期鼻子曾經受到損傷，必須接受多次重建手術，來修補鼻子和鼻竇受到的傷害。

在最後一次手術之後，耳鼻喉科醫師指示她使用一種含類固醇的非處方鼻噴劑，於是她開始規律使用。有一天，她仰頭看著自己的鼻子，發現鼻中隔有個穿孔，於是去找耳鼻喉科醫師，經醫師診斷，她患有針眼大小的鼻中隔穿孔（圖1）。

鼻中隔是一塊硬挺但具有彈性的軟骨，位於鼻腔中央，分隔出兩個鼻孔。當那塊軟骨的一部分穿孔，就稱為「鼻中隔穿孔」。其起因可能是發炎、感染或創傷，也可能肇因於吸食非法藥品，例如古柯鹼和甲基安非他命，以及醫療藥物（如吸入式類固醇鼻噴劑）。

鼻中隔穿孔是使用類固醇類鼻噴劑的已知併發症。製藥廠已經發布警語，勸告剛動過鼻部手術的患者切勿使用，因為那裡的組織已經弱化。儘管有這項警語，耳鼻喉科醫師依然建議她使用那種藥物。

這名患者在照鏡子時就能清楚看到那個孔洞，但外科醫師診斷時表示孔洞很小，不必擔心，但她不以為然。後來，她去找另一位耳鼻喉科醫師，徵詢另一種意見，那位醫師認為，穿孔已經夠大了，建議她進行重建手術。

除了身體不適和額外的手術之外，這名患者還花了一筆四萬五千美元的額外醫療費。自從重建手術以來，她又經歷了輕微不適和偶發的麻木狀況，不過症狀多半已經消退。

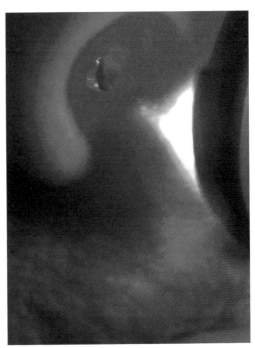

圖1

TRAUMA / NECROSIS 創傷／壞死

案例：23歲／美國‧加州河濱市

這名患者在二十三歲生日的前一天，跟兄弟一起出門飲酒作樂。在酒精影響下，他開始跟一位兄弟養的狗粗暴地玩耍（那是一隻比特鬥牛混血犬），猛然間，那隻狗咬了他的臉。當他意識到發生了什麼事情時，那隻狗已經咬下了他鼻子的一塊肉。

他的兄弟打電話叫救護車，將他和那塊鼻肉一起送醫。到了醫院，醫師為他將被咬掉的鼻肉接回去，卻無法擔保傷口能妥當癒合。醫師為他開立抗生素處方，並建議他去找整型醫師諮詢。

這名患者出院以後，有三天找不到抗生素處方，同時，傷口已經出現感染情況，他發現鼻尖發黑，還散發出一股難聞的氣味。

他再度就醫時，醫師表示無能為力。他們說，重新接上鼻肉的那個區域，肌肉已經壞死。當充氧血流中斷，就會造成組織壞死。在某些情況下，倘若肢體發生截除意外，有可能以手術重新接回並癒合，這取決於傷勢的嚴重程度、受傷後多久進行治療，還有患者的總體健康狀況等等。

醫師不希望冒著留下更大傷疤的風險來移除壞死的組織。患者被告知，壞死的鼻尖最後會脫落，而他需要諮詢整型專家討論重建手術。醫師又開給他另一種抗生素處方，而他的鼻尖果然在三天內脫落了（右頁下圖）。

他的下一組療程會牽涉到整型，必須與整型醫師討論重建失去的外鼻翼之方案（右頁上圖）。

在意外發生後，這名患者有點害怕接近那隻狗。不過，他花了一些時間，後來還是與那隻狗重建了友好關係。

右頁，上：圖2、下：圖1

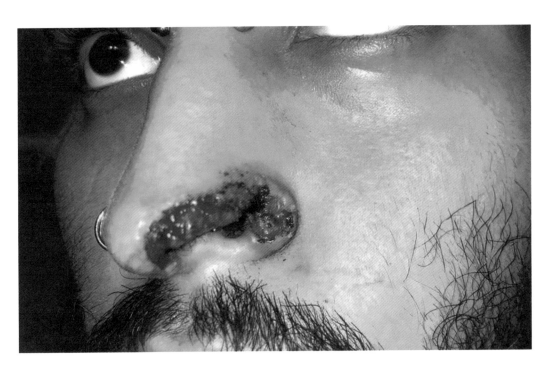

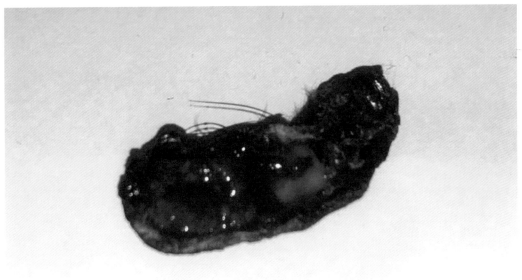

OVARIES 卵巢

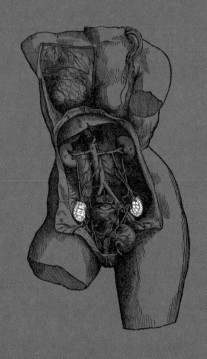

　　卵巢是女性生殖器官的一部分，其結構設計是為了製造並釋出卵子來生育胎兒。女性天生就具備一生所能擁有的卵子。儘管女性有幾千顆卵子，一生中卻只有幾百顆會被釋出等待受精。卵巢是很活躍的器官，很容易受到病理狀況影響。卵巢位於女性的骨盆，骨盆的解剖構造具有可供胎兒成長發育的空間。這處空間讓卵巢得以增長並引發非特定症狀，好比鼓脹，這就可能導致診斷延遲。卵巢病理狀況不只會出現疼痛，還可能造成不孕，帶來嚴重的情緒困擾。

MALIGNANT MIXED GERM CELLTUMOR
惡性混合型生殖細胞瘤

◆

案例：32歲／美國・亞利桑那州鳳凰城（Phoenix）

這名患者在十四歲時變胖了。她母親也發現了，特別是當她們去選購學校制服時，她必須不停地試穿尺寸較大的褲子。母親以為女兒的體重增加是因為愛吃甜食，於是警告她要忌口。此外，這名患者還發現自己的排尿次數比以往更頻繁。她母親認為那是泌尿道感染，便帶她去看醫師。

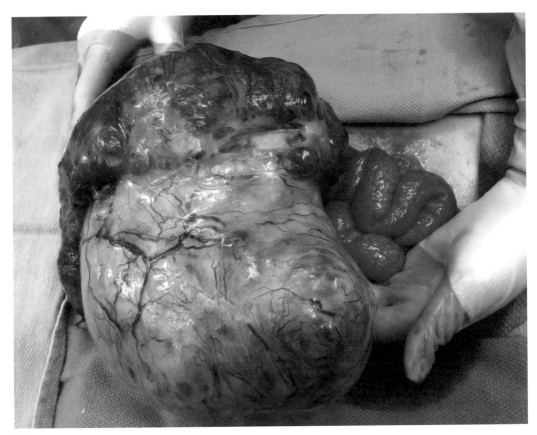

圖1

她的驗尿結果呈陰性，並沒有感染。醫師安排她做一次體檢，發現到她的腹部很硬。儘管她表示自己還是處女，醫師仍然替她驗孕三次，結果都是陰性。

　　由於這名患者的腹部很堅硬，醫師在當天就為她做超音波檢查，結果顯示她的右卵巢有一顆大型腫塊，於是醫師立即聯絡另一位腫瘤科醫師。隔天早上，她被轉診給那位醫師。

　　腫瘤科醫師替她做磁振造影，並安排隔天早上動手術。她的腹部被開了一道大切口，並從腹部／骨盆腔取出一顆五公斤重的腫瘤（圖1）。

　　那顆腫瘤被送往病理部檢驗，診斷為「惡性混合型生殖細胞瘤」第二期。卵巢的生殖細胞瘤，產生自卵巢內稱為「卵子」的生殖細胞。「生殖細胞瘤」這個詞彙可用來描述由這種細胞長出來的數個類型的腫瘤，而這名患者的腫瘤就是由多個類型組成的（混合型）。

　　惡性混合型生殖細胞瘤非常罕見，可能具有非常高度的侵襲性。它們最常見於青少年和年輕女性。這類腫瘤往往增生得很快，而且症狀很早就會出現。這是好事，因為患者愈早接受治療，預後評估就愈好。

　　這名患者在手術後接受化學治療四個月，每天八小時，每週五天。這段期間，患者每次進行化學治療時，母親都全程在一旁關照。

　　不過，患者由於手術和外科醫療，必須缺席高中一年級的課程。幸好老師配合她的狀況，讓她能夠趕上進度，並升上高中二年級。

　　這名患者從展開癌症治療之後，就必須定期接受超音波檢查，偶爾還得做磁振造影。她的癌症並未再度復發；然而，在二十歲那年，她又發現左卵巢長了一個腫塊，必須動手術移除。

　　幸運的是，腫塊被移除後，確認它是一個充滿毛髮的良性腫瘤，稱為「畸胎瘤」（teratoma），這也是一種生殖細胞瘤，但不是癌性腫瘤。

　　她的癌症病史留下的唯一影響，是化學治療所導致的異常色素沉著，出現在頸部皮膚。有時候，旁人會誤以為那是一個吻痕。這名患者在接受手術移除第二個腫塊之後，被告知可能無法生育。不過，她在九年之後懷孕了，如今，她的三歲孩子就是美好奇蹟的最佳證明！

TERATOMA 畸胎瘤

案例：38歲／荷蘭・布雷達城（Breda）

這名患者在三十多歲時，發現肚子有塊凸起。

起初，她以為腹部膨脹是由於便祕。她摀壓凸塊時，感覺它很堅硬，便認為那是腸道中的糞便（圖1）。

由於她很容易感到疲倦，便去找醫師檢查。醫師摀壓她的肚子，判定腹部變大不是便祕引起的，那可能是一個腫塊。為了確認這一點，醫師安排她進行磁振造影，結果在她的卵巢上發現了一個腫塊。

幾週後，這名患者接受了移除腫塊的手術。醫師很肯定那個腫塊是良性囊腫。在某些情況下，倘若卵巢囊腫很小，就可以採用一種侵入性較低的手術來移除囊腫，這種處置稱為「腹腔鏡手術」（laparoscopy），透過一個小孔並在一台攝影機的輔助下移除囊腫。不過，由於這個腫塊的尺寸很大，醫師決定在她的腹部開一道切口來移除。

該腫塊的重量將近1.5公斤（圖2），經病理科檢查後，診斷為畸胎瘤。

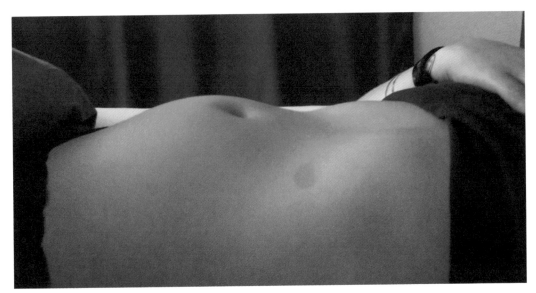

圖1

畸胎瘤是一種囊狀腫瘤，生長在卵巢裡。畸胎瘤相當常見，通常都是良性的。即便它的癌性風險很低，重點仍是必須移除，因為它可能會增生得非常大，截斷了對卵巢的供血。這種狀況稱為「卵巢扭轉」（ovarian torsion）。

畸胎瘤產生自卵巢裡的生殖細胞。生殖細胞是用來繁殖的細胞，男女都有。這類細胞負責製造出一個人體，因此有能力生成各種人體部位，好比肌肉組織、大腦，甚至毛髮。

「畸胎瘤」的英文為 "teratoma"，源自希臘單字 "teraton"，意思是「怪物」。不過，畸胎瘤並不是獨立的活體。儘管這類腫瘤是由人體碎片構成的，卻不是人體，因為它不需要精子也能成長。

這名患者的囊腫被送到病理實驗室化驗，檢驗員將它切開時，發現裡面充滿濃稠、油膩的膩質惡臭液體，就像混入毛髮的花生醬。檢驗員透過顯微鏡觀看，判定這個囊腫的所有部件都是良性的。這類畸胎瘤也稱為「皮樣囊腫」（dermoid cyst）。

這名患者的情況可以動手術來治癒。施行開腹手術並將一個卵巢摘除，有時會影響患者的受孕能力。不過這不是問題，因為這名患者並不打算生育。

諷刺的是，幾年前，患者的母親也曾經為了卵巢畸胎瘤動過手術。畸胎瘤通常不具有遺傳性，但也有少數家族遺傳案例。

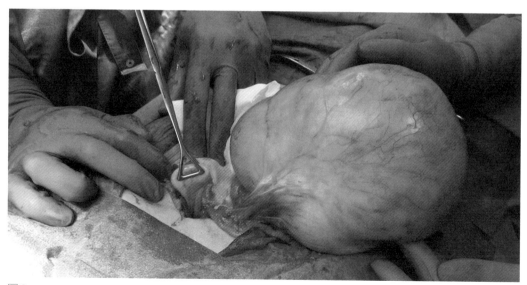

圖2

TORSION 扭轉

◆

案例：32歲／美國・馬里蘭州切佛利鎮（Cheverly）

幾年前，這名患者開始出現腹部疼痛的情況。腹痛可能持續好幾天，然後消失，每隔數週又會發作。

她第一次遇到這種情況時，由於疼痛感不同，也比月經絞痛更強烈，於是掛了急診，當時醫師診斷為便祕。

再次發作時，她去找主治醫師，結果醫師告訴她，那是多種因素結合所造成的，包括壓力、飲食不當和缺乏運動。她被告知要服用益生菌。

第三次發作時，她又去掛急診，結果被告知是食物過敏。

她對於自己所受到的處置很不滿意，而且肚子依然感覺劇痛，於是換了一家醫院。這家醫院比較認真看待她的症狀，她被送往急診室，做了電腦斷層和超音波掃描。結果，醫師在她的卵巢發現了一個十八公分的大型囊腫，還確認了一種更嚴重的狀況：卵巢扭轉。

卵巢扭轉是一種外科緊急情況。卵巢附著於一些血管上，這些血管負責將充氧血輸送到卵巢，並將減氧血送回血液供應體系。若是這些血管受到壓迫，就有可能阻斷供氧，讓卵巢因缺氧而壞

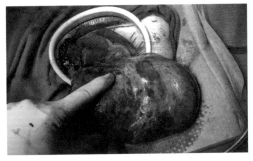

圖1

死。女性雖然有兩個卵巢，但損失其中一個的話，還是可能會影響受孕能力。

卵巢囊腫相當常見。當囊腫逐漸增大，會讓卵巢變得不平衡，致使卵巢本身發生扭轉，截斷自己的血液供應。倘若即早發現卵巢扭轉的情況，可藉由醫療介入來解除此情況並救回卵巢。不幸的是，本案例發現的時間太晚，醫師經由手術將壞死的卵巢和輸卵管，連同囊腫一併移除（圖1）。

如今，這名患者尚未生育子女。儘管開腹手術讓她失去了一個卵巢，的確會提高不孕的風險，但醫師告知她，不必擔心自己的生育能力。那個囊腫約有一顆葡萄柚大小，而且是良性的。手術之後，她就不再出現其他婦科問題了。

PANCREAS 胰臟

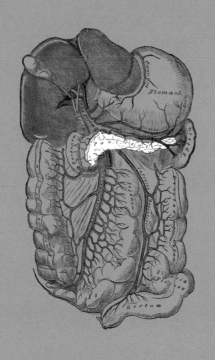

　　胰臟是一個腺體器官,又稱為「胰腺」,位於腹部背側深處。儘管我們吃進去的食物不會經過胰臟,但它在消化方面具有關鍵性的作用。當我們進食時,胰臟就會分泌各種汁液並由一條管道注入小腸,來分解那些食物。它還有其他作用,可以分泌激素注入血流,來調節血中的糖分含量。人類在失去胰臟後仍能存活,不過餘生都要服藥,以彌補胰臟的功能。由於胰臟深藏在腹腔內,一旦出現病理狀況,通常在演變到末期之前都不會被發現。

WHIPPLE 惠普式手術

在 2021年的疫情期間，這名患者居家上班，某天早上，他感到身體不舒服，頭暈目眩、腹痛。直到下午，腹痛變得更嚴重，而且還開始腹瀉。他撥打防疫專線，懷疑自己可能感染了新冠肺炎（COVID-19）。衛生單位只是建議他，倘若症狀持續，幾天後再進行PCR檢測。

夜幕降臨，他的腹瀉症狀更頻繁，而且糞便中帶血。他再次打電話給衛生單位，對方要求他立刻就醫。於是他到急診室抽血檢查，醫師發現他的血紅素很低：只有8 g/dL，正常血紅素值應該是在13.5到17.5 g/dL之間。

血紅素是一種蛋白質，出現在紅血球中，負責攜帶氧氣到全身的所有器官。血紅素含量很低的一項原因是出血。緩慢出血會導致血紅素含量在幾週內變得過低，若出血比較嚴重，血紅素含量就會在短時期內迅速降低。倘若血紅素含量降得太低（一般來講是低於5 g/dL），就有可能導致心臟衰竭或死亡。

根據這名患者的症狀，急診室醫師診斷他患有上胃腸道出血，隔天必須接受內視鏡檢查。醫師會把一個微型攝影機從他的咽喉伸進去，以便於檢查上胃腸道。

隔天，患者的出血情況非常嚴重，血紅素降到危險的低濃度（5 g/dL）。由於血紅素過低，於是他接受了一次輸血，以暫時替換流失的或無法自行生產的血液。

輸血只是一種短期補救措施。倘若患者持續出血，其血紅素還會持續降低。因此，確定出血根源並止血的步驟非常重要。

醫師在進行內視鏡檢查時，終於發現他的出血起因；在小腸的第一段，即十二指腸（duodenum），有一個潰瘍腫瘤。儘管他們發現了出血點，卻無法在內視鏡檢查期間予以控制。患者必須搭乘救護車前往另一家醫院接受治療。

患者被送到第二家醫院後，一位介入性放射科醫師（interventional radiologist，藉助影像學技術進行最低程度侵入性醫療處置的放射科醫師）得以經由股動脈進入患者體內來控制出血。他們從這裡依循血管系統上行並置

入一段線圈來止血。

　　儘管這名患者的出血得到控制，仍必須在往後幾天接受三次輸血。此時，醫師不能說這是以手術治好腫瘤的案例，那得等到好幾個月之後，患者的血紅素回到正常範圍才能斷定。

　　在那段期間，患者又接受了幾次掃描和內視鏡檢查，讓醫師更清楚地檢視那顆腫瘤。那位外科醫師期望能輕鬆切除那顆腫瘤，不幸的是，她在手術過程中發現那顆腫瘤的分布範圍，比當初設想的大了許多。它正逐漸侵入胰臟的頭端。

　　十二指腸是小腸的第一段，附著於胃部，彎曲構成C形。胰臟的頭端附著於十二指腸，正好端坐在那個C形裡面。倘若患者的十二指腸周圍長了腫瘤，就必須一併摘除胰臟；同理，倘若患者的胰臟頭端長了腫瘤，就必須一併摘除十二指腸。這兩者在解剖學上是相連的。

　　外科醫師期盼不必做較大範圍的手術就能移除腫瘤，但是當她注意到腫瘤正在往胰臟擴散，就必須進行一項範圍更大的手術程序：胰十二指腸切除術（pancreaticoduodenectomy），又稱為「惠普式手術」（Whipple procedure），見圖1。

　　這項手術非常複雜，因為它涉及移除一處高度密集的解剖結構範圍。在這項手術中，十二指腸（小腸）、胰臟頭端、膽管和膽囊全都得同時移除，最常被運用於病灶出自胰臟頭部的癌症患者。而在這個不常見的案例身上，則是用來移除一顆十二指腸腫瘤。

　　移除後的胰臟和十二指腸被送到病理科進行檢驗，那顆腫瘤經診斷為「胃腸道間質瘤」（gastrointestinal stromal tumor, GIST，又稱胃腸道基質瘤）。胃腸道間質瘤並不常見，可能生長在胃腸道裡的任何部位。它們的發展不見得總是能夠預測，可以是良性的，但也有可能表現出類似惡性腫瘤的跡象，而且還會擴散。所幸，見於十二指腸裡的胃腸道間質瘤，多半被判定為低風險腫瘤。

　　患者在接受惠普式手術之後，住院十天才逐漸康復。手術後的一年內，他經歷了幾次胰臟炎（pancreatitis）發作，而且很容易感到疲倦。總體來講，他的狀況還算不錯，飲食也恢復常態，想吃什麼都可以。

右頁：圖1

－ 206 －

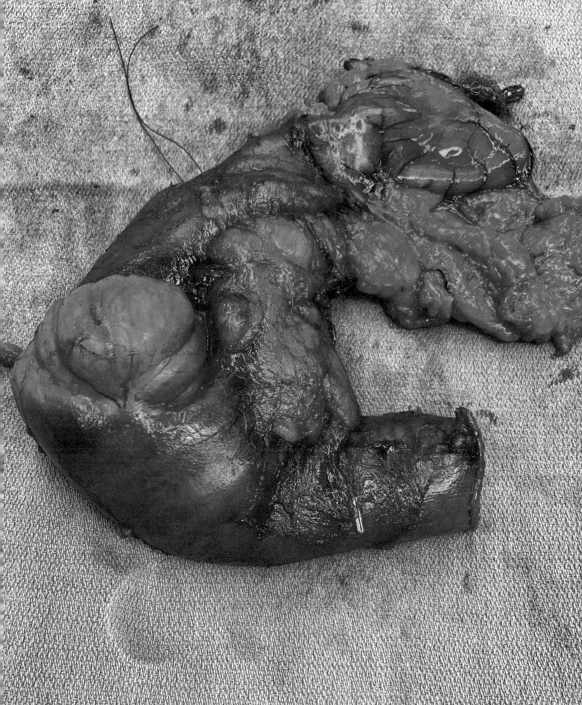

PLACENTA 胎盤

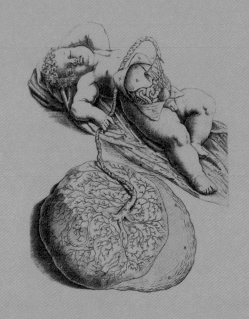

　　胎盤是人體最酷的器官之一，因為它是暫時性的！胎盤在母
體懷孕期間形成，分娩之後就被拋棄（除非你像我一樣把它保留
下來，陳列在家裡）。母體懷孕期間，當受精卵在子宮著床後，
胎盤也開始隨之生長。胎盤是母親和胎兒之間的生命線。由於成
長中的胎兒無法自行進食，也不能呼吸，胎兒的所有養分和氧
氣，全都經由胎盤傳遞。每年，全世界有好幾百萬名嬰兒誕生，
而這好幾百萬個胎盤都有某種程度的病理狀況。胎盤的病理狀況
互異，有些對成長中的胎兒幾乎不會造成影響，有些則會導致胎
兒死亡。

VELAMENTOUS CORD INSERTION　帆狀臍帶附著

案例：30歲／美國・依利諾州貝爾維爾市（Belleville）

全世界每天大約有二十五萬名嬰兒誕生，每生育一名嬰兒都伴隨著一個胎盤。這些胎盤的尺寸、形狀和顏色互異；不過，當胎盤的解剖結構和構造出現異常，通常就代表著生死之別。

這名患者前往婦產科做例行產檢，進行胎兒第二十週大的超音波掃描。醫師在這個階段通常會檢視胎兒的解剖結構，確認妊娠狀況是否健康，同時也會檢查胎盤。胎盤異常可能會對母親和嬰

圖1

兒造成致命性的影響。

在進行掃描檢查時，患者得知胎兒的解剖結構看起來很正常，讓她鬆了一口氣。然而，她的胎盤有點問題——臍帶只有一條動脈。

胎盤臍帶是母親與嬰兒之間的生命線。這條繫索通常都是由三條血管組成，包括兩條臍帶動脈和一條臍帶靜脈，可促進血液和養分在母親與胎兒之間往返流動。若是將臍帶橫切，這三條血管看起來就像一張笑臉（兩條動脈是雙眼，靜脈是嘴巴）。

單一臍帶動脈是一種罕見的臍帶缺陷，在所有妊娠當中的發生機率只有1%。在這類生育案例中，大多數嬰兒都不會出現明顯的異狀，但有些嬰兒可能具有體重過輕及先天性缺陷，包括心臟和腎臟的問題。

這個母親繼續度過剩餘的孕期，而且沒有出現併發症，在第三十九週產下一名健康的女嬰，體重達3.72公斤。

然而，讓她（和主治醫師）驚訝的是，胎盤還出現另一種缺陷，但在超音波檢查時並未發現：那是一種危及性命的異常狀況，稱為「帆狀臍帶附著」。

由於這三條臍帶血管非常重要，也相當脆弱，通常會外覆一層厚實的絕緣凝膠：華通氏膠（Wharton's jelly，又譯瓦頓氏膠）。這層凝膠協助保護血管不致扭結或撕裂。然而，帆狀臍帶附著的情況，就是臍帶血管缺乏華通氏膠的防護，全部裸露出來。這些血管沿著構成羊膜囊（amniotic sac）的胎膜（fetal membrane）分布（圖1）；而胎兒在羊膜囊裡發育成長。因此，胎兒隨時有可能擠壓到某一條暴露的血管，進而阻礙了血液供給。這些暴露的血管比較容易受損，而且只要有一道裂口就會造成大出血，並危及母體和胎兒的生命。

這個母親本身是緊急救護技術員（EMT），在三十九週的妊娠期間，整天站著工作，完全未察覺腹中有一枚滴答作響的不定時炸彈。所幸，她和寶寶都安然度過妊娠期，順利分娩，並未出現這些罕見胎盤異常所造成的併發症。

QUADRICEPS 四頭肌

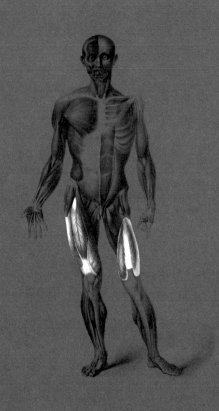

　　人體大約有六百條肌肉，四頭肌構成其中四條。此外，人體中有三種肌肉：平滑肌、心肌和骨骼肌。平滑肌和心肌見於人體的器官和血管。器官得靠這些肌肉才能運作，但我們完全無法控制它們，沒辦法命令心臟跳動！不過，我們有辦法控制體內的第三種肌肉，那就是骨骼肌。四頭肌是由四條骨骼肌組成的肌群，位於大腿前部，負責抬起小腿。我們之所以能夠行走、奔跑和站立，四頭肌在其中扮演不可或缺的重要角色。倘若四頭肌中的一條或多條出現病理狀況，就會嚴重影響我們的活動能力。

TENDON RUPTURE 肌腱斷裂

◆

案例：59歲／英國・蘇格蘭格拉斯哥市（Glasgow）

有一天，這名患者正站著和幾位朋友交談，卻突然聽到一陣爆裂聲，同時感覺右腿疼痛。他很清楚這是怎麼回事，因為之前他的左腿也發生過這種情況。爆裂聲響過後，他看到大腿肌肉和膝蓋骨之間出現了一個寬大的間隙（圖1），膝蓋也腫起來，而且他沒辦法走路。這名患者的四頭肌又斷裂了。

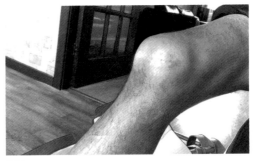

圖1

骨骼提供了人體的結構和直立的能力，其表面附著了骨骼肌，負責移動人體。這些骨骼肌是以稱為「肌腱」的粗索附著於骨骼上。

大腿前側肌群負責將腿伸直。這群肌肉由四條肌肉構成，統稱為「四頭肌」，全都附著於同一條肌腱上，即四頭肌肌腱，此肌腱附著於膝蓋骨，若是發生撕裂情況，患者就無法將腿伸直。

這名患者受傷後兩天，醫師為他施行修補撕裂肌腱的手術，其醫療處置包括在髕骨（膝蓋骨）上鑽孔，把它重新接回去。

四頭肌肌腱斷裂是很罕見的情況，通常都是發生在機車事故或跌倒等意外中。這名患者的傷況發生在靜止期間，是非常罕見的。有時候，人在生病時，例如長期使用類固醇或罹患腎衰竭等疾病的情況下，就有可能發生這種斷裂。然而，這名患者沒有這些風險因子，他的體力一直不錯，而且經常運動。醫師認為，長期進行高強度運動也是肌腱撕裂的原因之一。

這名患者除了兩條四頭肌肌腱都斷裂之外，阿基里斯肌腱（連接小腿肌和腳後跟的那條肌腱）也在靜止時突然斷裂了。

他的兩組四頭肌都在扯斷後修復了，因此他依然可以行走，但有時候需要輔助。他在如廁後必須撐扶，否則沒有辦法起身，而且他持續站立的時間也不能太長。

RESPIRATORY 呼吸

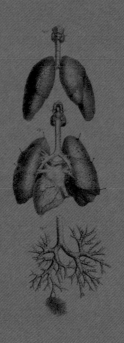

　　呼吸系統的起點是從鼻子吸進氧氣，氧氣經由氣管進入肺部。接著，氧氣從氣管進入支氣管樹（bronchial tree），在那裡落入稱為「肺泡」（alveoli）的纖小氣囊裡。氧在肺泡進行氣體交換。肺泡的細胞從我們呼吸的空氣中取得氧，並將它輸運到血液中。心臟泵送充氧血輸往全身，將氧氣遞送給身體的所有器官。氧氣耗盡之後，血液就回到肺部，在那裡拋棄廢物（二氧化碳）並擷取更多氧。二氧化碳經由支氣管樹沿著氣管上行並從鼻腔呼出。由於肺部病理狀況可能嚴重影響患者的生活品質，我們必須認真看待。擁有運作功能正常的兩組肺葉是最理想的，不過，就算只擁有一組肺葉，人類還是可以活下去。

CYSTIC FIBROSIS / LUNG TRANSPLANT
囊腫纖維化／肺臟移植

案例：29歲／美國‧加州托倫斯市（Torrance）

這名患者出生時看起來很健康，但在出生後的前四週，體重卻完全沒有增加。小兒科醫師替她做了好幾項檢查，診斷她患有囊腫纖維化（cystic fibrosis）。

囊腫纖維化是一種罕見的遺傳疾病，會導致肺臟、胰臟和其他器官發生慢性疾病。罹患這種先天性疾病的唯一起因，就是從父母那裡分別遺傳到一種基因突變。

具有這種突變基因的父母所生下的孩子，有25%會罹患囊腫纖維化，50%不會罹患，還有另外25%不但不會罹患這種病，也不會帶有這種基因。

這名患者的父母都有那種基因突變，他們生下的三個孩子裡有一個罹患囊腫纖維化，其他兩個兒子都沒有，也不具有囊腫纖維化基因。這項診斷讓這對夫妻感到驚訝，因為他們都沒有囊腫纖維化的家族病史，也完全不知道自己攜帶了這種突變基因。

人體有許多臟器都具備黏液，可用來輔助器官妥善運作。這種黏液通常很稀薄，可在通道間自由流動。而囊腫纖維化的情況，是一種負責協助這類液體維持稀薄並能自由流動的蛋白質，受到遺傳性突變基因影響而無法妥善生成。一旦缺乏這種蛋白質，稀薄的液體就變得濃稠黏糊。過了一段時間，濃稠的黏液就會堵塞通道，導致發炎、慢性感染並結痂，器官會嚴重受損且無法運作，如果患者沒有接受移植新器官，就會死亡。

囊腫纖維化的早期診斷是關鍵。若能在器官受損前診斷確定，進行治療，患者的預後評估就會比較好。如今，美國五十州都會對所有新生兒進行囊腫纖維化及其他疾病的檢查。然而，這種強制性檢查在本案例出生時還沒有到位，所幸，小兒科醫師看出她的症狀，並安排她接受檢查。這種檢查包含一項汗液檢查和一項基因檢測。患有囊腫纖維化的人往往比較多汗，汗液中含有更多的氟化物，鹹味也比較重。汗液可用來做

高氟含量檢查，再結合血液基因檢測，以診斷患者是否患有囊腫纖維化。

經診斷後，這名患者開始每三個月前往一家診所監測疾病進展。每一季由胸腔內科醫師對她的肺功能進行檢查，並與社工和營養師會面，以確保她擁有良好的支持系統且飲食正常。囊腫纖維化患者由於自體吸收不足，必須攝取高熱量、高脂肪的飲食。

隨著時間推移，這名患者的肺功能下降了。在青少年時期，她經常因為肺部感染而住院。到了她二十二歲時，胸腔內科醫師開始討論肺臟移植手術。

肺臟移植是將已故捐贈者的一側或兩側肺臟，移植到患有末期肺病的患者體內的手術。囊腫纖維化患者在接受肺臟移植後，通常能大幅提高生活品質。肺臟移植無法治癒囊腫纖維化，雖然捐贈者的肺臟因帶有捐贈者自己的DNA而不會患病，但患者體內依然具有突變基因，仍然會繼續損傷其他器官，例如胰臟等等。

這名患者在開始接受肺臟移植候選人檢查程序時，必須搭機跨州去找專科醫師。最後，她被排入肺臟移植名單，並決定在等待新肺臟期間搬到當地居住。等候期間，她和醫師團隊每兩個月會診一次。然而，她的肺臟持續衰竭，身體也持續排斥藥物，後來必須戴上氧氣罩。

這名患者等了兩年，因為她的骨架小，必須等候匹配的肺臟，而且她的血型很罕見。當她一接到電話通知，便立刻前往醫院報到，並聯絡父母。她的母親搭機過來，及時趕到醫院，正好看到女兒被推進手術室。這名患者生病的肺臟被摘除（圖1），而且新的肺臟移植很成功。

她的新肺臟來自一名三十七歲的女性，其餘的捐贈者資訊都受到保密。她接受移植之後，曾經寫了一封信給捐贈者家屬以表達謝意，但始終沒有收到回音。她明白要在所愛之人死後捐出其器官，是非常困難的決定，特別是遇到意外死亡的情況。這名患者和家人最美好的一天，卻是捐贈者和其家人最悲慘的一天。

對這名患者來說，患有囊腫纖維化並成為肺臟移植受贈者，從來沒有阻礙她的人生目標。現在，她正在研讀臨床博士課程，並動筆撰寫論文，探討肺臟移植患者所受到的心理影響，她的最終目標是要在器官移植中心的門診工作，幫助其他患者保持心理健康。

目前，醫學界對於囊腫纖維化仍無成功治癒的療法。多年以前，經醫師診

斷患有囊腫纖維化的病人，壽命都不長，也活不到成年。但如今，只要早期診斷、監測，採用新療法和肺臟移植，這些患者都能活到老年後期。

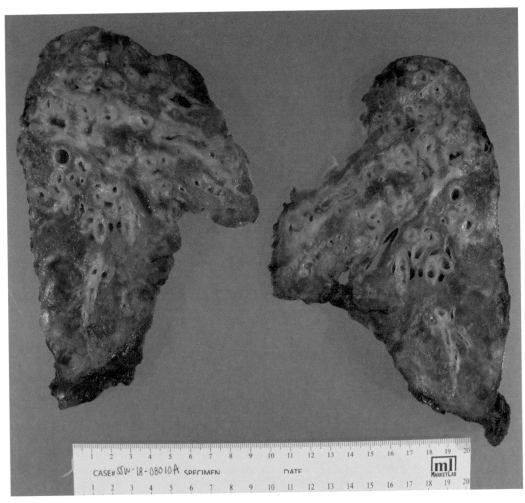

圖1

SALIVARY GLAND 唾液腺

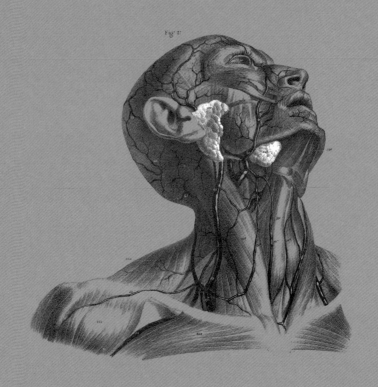

Fig. 2.

　　人類有三個主要唾液腺，分別是靠近耳朵的腮腺（parotid）、位於下巴的頜下腺（submandibular），以及位於舌下的舌下腺（sublingual）。這些腺體負責生成口腔裡的唾液，每天能產出多達一公升的流質！當牙齒咀嚼食物時，唾液腺就會釋出流質，裡面含有能幫助消化的酶。唾液腺也能幫助我們品嚐食物的滋味，以及輔助口腔裡的傷口癒合。一旦唾液腺發生病理狀況，就會讓人感到痛苦，並有可能影響到患者的生活品質。

SIALOLITHIASIS 唾液腺結石

案例：27歲／美國·喬治亞州薩凡納市（Savannah）

這名患者能表演一種有點胡鬧的派對花招，稱為「口水噴泉」（gleeking），這是俗語說法，用來描述從唾液管噴出唾液的自主動作。

人類的口腔中有三個主要唾液腺，這些腺體負責生成唾液，裡面含有酶，能在我們咀嚼時幫助分解食物。

幾年前，這名患者在表演唾液噴泉之後，舌下分泌的黃色物質逐漸增多，大約持續了六個月。她向牙醫提到這個狀況，於是，牙醫把她轉介給一位耳鼻喉科醫師。

那位耳鼻喉科醫師透過觸診，發現她舌下的頜下腺旁有一個堅硬的小結節（圖1），診斷她患有唾液腺結石。

當我們在進食時，唾液腺受到刺激，其中的唾液就會經由管道排出腺體外，注入舌頭下方。有些食物（例如酸性的）會促使較多唾液被分泌出來。

有時，唾液成分會累積並形成石塊。如此一來，當唾液腺在進食之後受到刺激，石塊就有可能造成堵塞，進而引發疼痛與腫脹。倘若石塊堵塞一段時間，就會導致唾液腺內發生感染。

耳鼻喉科醫師請她攝取高酸度飲食來增加唾液分泌，並指示她使用熱敷、輕輕按摩唾液腺等方式，希望能讓結石自然排出而不必動手術。

但在後續三天期間，這名患者感到舌下劇痛、腫脹，而且每次飲食時，疼痛感都會更加劇烈。這讓她很難入睡，只好去掛急診。當時，她的右臉頰腫脹

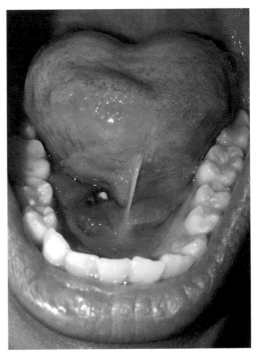

圖1

情況及疼痛度都大幅增加，導致她一開口說話都會痛到流淚。醫師以靜脈注射嗎啡來為她止痛，並注入抗生素來控制已經發生的感染。

電腦斷層掃描顯示，這名患者的口腔裡有一顆1.3公分的唾液管結石。就在等待抗生素靜脈注射完成的這段期間，她抬起舌頭讓父親查看口腔內的腫脹狀況，此時，那顆結石的尖端正好穿透管壁（圖2），滲出大量膿汁並湧進她的口中。每當她抬起舌頭，就會流出大量膿汁。於是，醫師從她口中輕輕移除了殘餘的結石。那顆結石就放在一個杯子裡，當作她的紀念品（圖3）。

自從這次事件以後，這名患者的症狀不曾再復發。

當時，這名患者正好在研讀醫師助理課程。後來，她在受訓期間便根據自身經驗，在急診室辨識出一名患者所表現的症狀，正是肇因於唾液腺結石堵塞所致。

唾液腺結石可能發生在唾液量減少的患者身上，至於唾液減少的起因，可能是脫水或使用某些藥物所致。她認為，自己的唾液腺結石是由於在醫師助理培訓期間，每天飲水量減少，咖啡消耗量增加，以及每日服用維生素C粉隨身包所致。

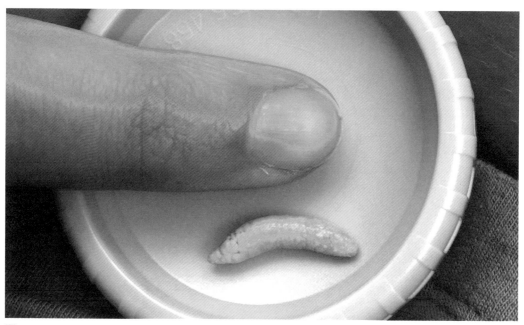

圖3

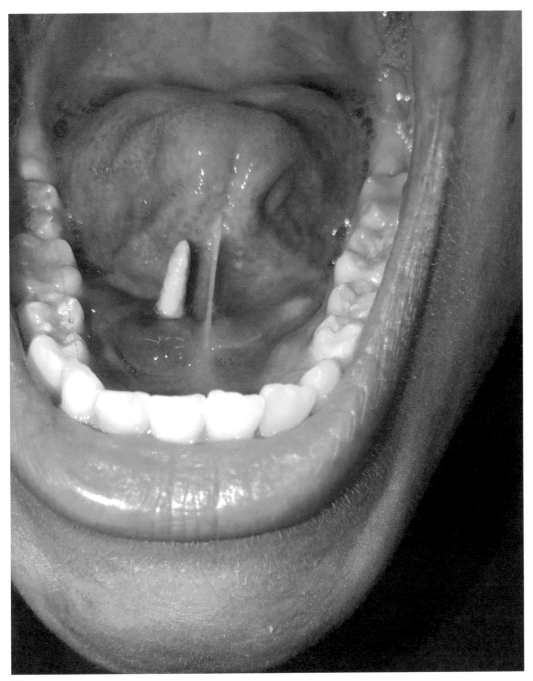

圖2

— 225 —

SKIN 皮膚

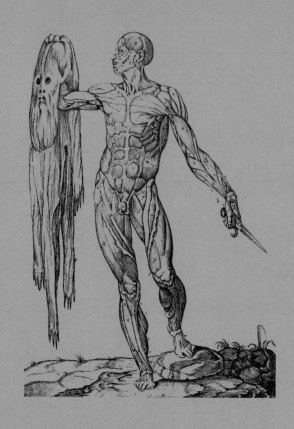

　　皮膚是人體最大的器官，也是抵禦外界的第一道防線。皮膚
保護人體的肌肉、骨骼和內臟，避免其遭受感染或創傷。它還能
區別冷熱並調節體溫。儘管皮膚非常耐用，但由於它暴露在自然
環境中，也很容易出現病理狀況。不過，並非所有病理狀況都是
肇因於環境，也可能發生在我們出生之前。

GIANT CONGENITAL MELANOCYTIC NEVUS
巨型先天性黑色素細胞痣

◆

案例：2歲／美國‧密蘇里州薩凡納市（Savannah）

這名患者的父母在歷經多年的不孕與多次流產後，終於生下一個健康的孩子。母親非常興奮地抱著這個新生兒，根本沒注意到她丈夫描述嬰兒的「屁股和腿上的大片胎記」。這位母親回憶起那個漫長夜晚的陣痛和分娩如何讓她筋疲力盡，儘管聽說新生兒身上有胎記，她也沒有多想。不過，她確實記得，嬰兒誕生後，產房裡的氣氛似乎出現了變化。

這名嬰兒誕生後數個小時，就被帶到育嬰室由一位小兒科醫師進行檢查。所幸，醫師立刻辨認出這種狀況，並診斷嬰兒身上那塊異常斑塊是巨型先天性黑色素細胞痣。嬰兒轉由一位小兒皮膚科醫師診治。

巨型先天性黑色素細胞痣是一種非癌性深色皮膚異常斑塊，內含黑色素細胞。黑色素細胞通常出現在皮膚，負責生成色素並決定我們的膚色。黑色素細胞痣肇因於胎兒開始發育之後，一種基因出現變化（突變）所致。

那片皮膚斑塊之所以經診斷為「巨型」，是由於它的面積在嬰兒誕生時超過五十公分，那片痣沒有長毛且顏色非常深。不過，當她逐漸長大，痣的顏色也隨之變淡並長出汗毛。經過一段時間，她的皮膚上繼續長出一些較小型的色素病變。如今已經有五十個，那孩子稱其為「波卡圓點」（polka dots）。

有時，這種狀況也見於另一種病

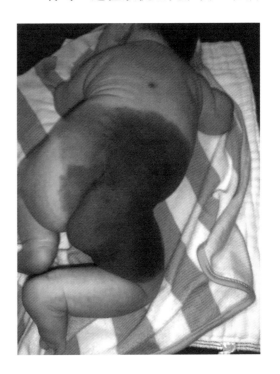

症：神經皮膚黑變病（neurocutaneous melanosis），這是會讓人擔心的醫療問題。神經皮膚黑變病是當這類色素細胞出現在腦部和脊髓部位，並導致神經性問題時所發生的病症。

這名嬰兒在三個月大時，經麻醉接受了一次磁振造影，以便檢查她有沒有這類病變，所幸她沒有。

總體而言，巨型先天性黑色素細胞痣的患者都有一些健康問題。組成這處皮膚部位的細胞，不同於身體其他皮膚範圍。而且，這些病變皮膚下方不會產生脂肪，也比其他皮膚範圍更平坦，因此讓這類患者有更高的機率會罹患黑色素瘤（皮膚癌）。此外，由於病變皮膚不會出汗，也不能正常調節體溫，因此患者必須接受監測。

這名患者必須避免過度曬太陽和過熱。此外，黑痣上的皮膚非常脆弱，很容易裂傷，因此必須預防她跌倒。

有些案例會為了美觀而動手術來移除這些病變斑塊。不幸的是，這名患者的斑塊尺寸很大，需要經歷多次手術，可能會留下結痂和行動方面的問題，因此，她的父母便決定等到她年紀夠大時，由她自己決定要不要動手術。

目前她的父母決定推遲所有手術，好讓這個孩子盡可能擁有一段正常的童年。倘若這類病變出現在腦部或脊髓部位，就完全沒有治療方法了。由於沒有根治的療法，其父母認為沒必要讓女兒經歷麻醉。這名患者應該能與巨型先天性黑色素細胞痣和平共存，並且正常生活。

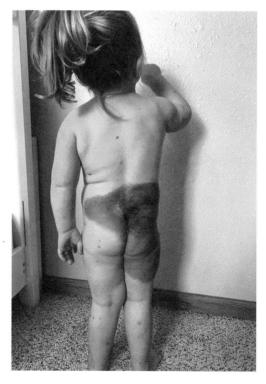

MELANOMA 黑色素瘤

案例：30歲／美國・內布拉斯加州奧馬哈市（Omaha）

多年來，這名患者的左大拇趾一直有一塊斑點（圖1），而且她注意到斑點的顏色開始變深。基於這項變化，她決定去找一位皮膚科醫師，醫師也認為它看起來很可疑，於是刮下一片活體組織切片來化驗。

這類活體組織切片通常會由皮膚科醫師從斑點頂層刮削薄片，再以顯微鏡檢視。在一週內，皮膚科醫師就診斷她患有稱為「黑色素瘤」的皮膚癌。

黑色素瘤是一種癌症，源自皮膚所含的細胞（黑色素細胞），這些細胞負責製造色素並決定人類的膚色。黑色素瘤並不像其他皮膚癌那麼常見，卻具有較高的侵襲性，也更致命。由於這類皮膚癌會快速擴散，最好能在早期階段診斷發現。這就是為什麼身上的痣或斑點出現任何變化時，最好立刻進行處理。

據信，有九成的黑色素瘤是照射紫外線而誘發的。倘若患者使用日光浴床，風險還會大幅提升。本案例的患者則是在渡假或特殊場合之前，都會使用日光浴床。

遺傳也是關鍵因素之一。倘若一個人有黑色素瘤家族病史，就比較容易罹患這種病變。黑色素瘤並沒有種族歧視。比起深色皮膚的有色人種，皮膚白皙且容易曬傷的白種人，比較容易罹患黑色素瘤；然而，所有種族的人都可能罹患黑色素瘤，所有年齡層的人也都有可能確診，包括兒童。

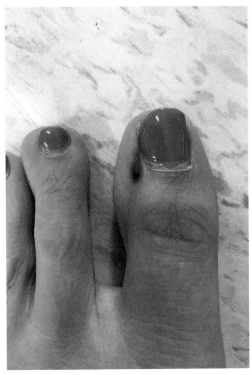

圖1

在患者診斷確定後，醫師安排她進行「慢速莫氏手術」（Slow Mohs）。經典的莫氏手術是一種特殊的醫療處置，外科醫師會測繪癌症並盡可能移除最少量的組織。如果依據患者的解剖結構，很難移除腫瘤周圍大片範圍的身體部位，以及移除腫瘤後會留下畸形傷疤，這種醫療處置就特別重要。

經典莫氏手術是以每次看診施行一個階段的方式，通常是針對罹患基底細胞癌（basal cell carcinoma）等較低侵襲性皮膚癌之患者所進行的。若是黑色素瘤患者，則建議採行另一種版本：慢速莫氏手術。由於黑色素瘤的侵襲性和嚴重程度都遠高於其他皮膚癌，有必要更精確地檢查其病變組織。

進行慢速莫氏手術時，患者的意識是清醒的，僅接受局部麻醉。醫師將在手術中移除一層癌性病變組織，並在幾天內交由病理學家化驗檢視。

當惡性腫瘤周邊的癌細胞都清理乾淨，手術就算完成了。倘若未清理乾淨，外科醫師就會在幾天內再進行手術並逐步加深範圍，直到惡性腫瘤完全移除。

這名患者的皮膚已經被切除多層，直到外科醫師觸及她的腳趾骨骼（圖2）。外科醫師在完全移除惡性腫瘤後，才能挽救患者的部分大拇趾趾甲，不過更重要的是，她的大拇趾不必被截除。

這名患者的整顆惡性腫瘤被送到病理部進行化驗，診斷為「零期黑色素瘤」，或稱為「原位黑色素瘤」（melanoma in situ）。癌症分期是以多項因子為依據，包括它擴散得多廣，這不只能協助擬定患者的治療計畫，還能幫助判斷患者的預後評估。

原位黑色素瘤是指癌細胞侷限在皮膚的上層。稱為「零期」，則是因為癌細胞還沒有突破那一層，接觸到底下的血管與淋巴。一旦癌細胞接觸到血管與淋巴，就會在體內到處擴散。對於原位黑色素瘤，倘若不處理，它極有可能進展成更具侵襲性的癌症。

慢速莫氏手術的成功率很高，特別是當癌症處於初期階段。這名患者很幸運，她的手術很成功，加上癌症又處於初期階段，因此預後評估絕佳。

黑色素瘤好發於雙腿、背部、頭頂等部位的皮膚，並以紫外線照射為最高風險因子之一。不過，黑色素瘤也會發生在很少受到陽光照射的部位，例如指甲底下、雙眼，甚至生殖器官。

右頁：圖 2

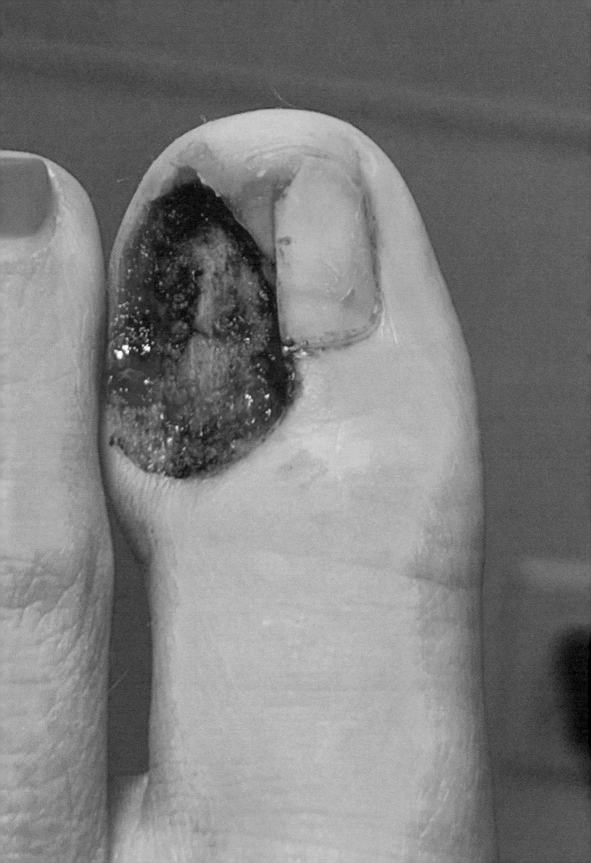

案例：39歲／加拿大‧安大略省薩德伯里區（Sudbury）

約莫十年前，這名患者發現自己臀部的皺褶（股溝）裡長了一個細小的凸塊，起初看起來沒什麼。但那個凸塊是個小麻煩，偶爾會發癢。

她在年度體檢時，向醫師提到這一點，醫師表示那沒什麼，可能就是毛髮增生或粉刺。

但在幾個月內，那個凸塊開始增長，而且異常發癢，她無法輕易地搔抓止癢，因為那個凸塊變得像是從皮膚表面隆起的痣。

她又請醫師檢查，並詢問能不能移除那顆痣。這時候，那種嚴重發癢情況已經開始影響她的生活品質。她得知那是可以移除的，但由於算是一種醫美手術，她必須自費。

於是，這名患者和那顆痣共處了一陣子，但由於持續的刺激，症狀變得益發嚴重。發癢、發紅和出血變本加厲，最終她要求將它移除，並得以約見一位外科醫師。外科醫師檢視那顆痣時，在病歷表上寫道：「它一副生氣的模樣……。」不過，她的手術排程還得再等一個月。

最後，這名患者總算接受手術將那顆痣移除，並因為擺脫了症狀而感到寬慰，完全沒有多想。誰也沒料到，經手術移除的那顆黑痣，會是其他東西，而且她是在兩週後回診時才得知這件事。她去看診時，以為很快就結束了。結果，外科醫師告知她，那顆被移除的痣，其實不是痣，而是癌。當時，她才三十一歲。

當一個人經診斷罹患癌症，就會接受進一步檢查，以檢視癌症是否已經擴散到全身。這就是癌症的分期方法，期數能幫助確立患者的治療計畫及其預後狀況。

外科醫師安排她在隔天早上住院，做進一步的檢查，結果判定癌症已經擴散到她的右側鼠蹊部腹股溝淋巴結，為3C期黑色素瘤。

這名患者一開始因為確診罹癌而感到驚訝和震撼，但很快就對先前被延誤診斷一事感到憤怒。患者愈早被診斷罹患黑色素瘤，預後效果就愈好。診斷延誤對患者來說，有可能代表著生死之別。

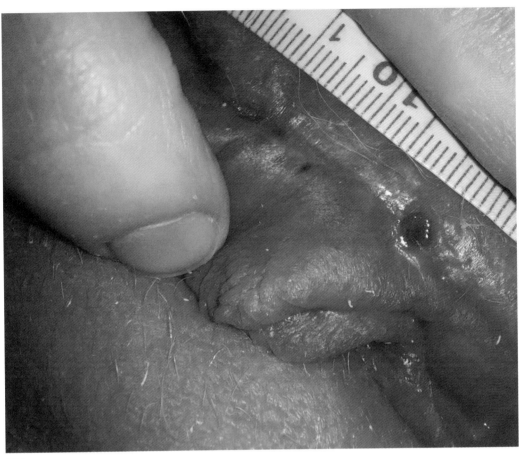

圖1

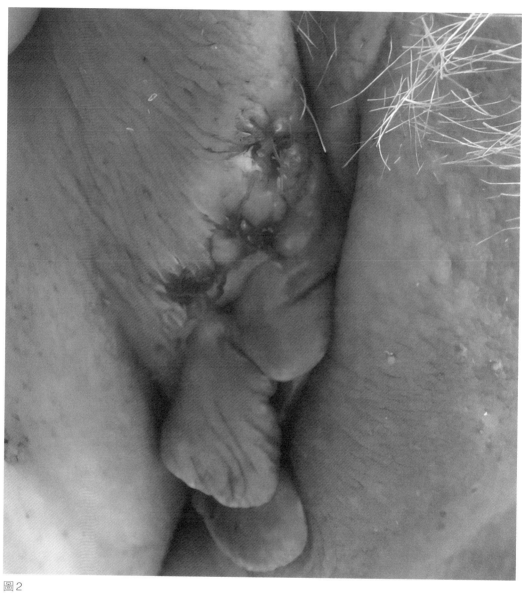

圖 2

這名患者的黑色素瘤為什麼長在如此反常的位置，原因不明。但她很喜歡曬太陽，而且這輩子還曾經多次曬傷，也有使用日光浴床接受紫外線照射的經歷，總共做了二十次左右。在三十歲之前，使用室內日光浴床，會讓患者染上黑色素瘤的風險提升到75%。

這名患者在移除癌性痣後的幾個月，又接受了一次手術，稱為「廣泛性切除」（wide excision），醫師移除了那顆癌性痣周圍較大範圍的皮膚和組織，以及右側腹股溝的淋巴結。

淋巴管是協助流體分布到全身的細小管道。在醫師將她的右側鼠蹊部腹股溝淋巴結全都移除之後，她便出現長期腿部腫脹的情況，這是一種已知的副作用。接下來的一年期間，她接受一種稱為「干擾素」（interferon）的藥物治療，可以刺激患者的免疫系統去攻擊癌細胞。

干擾素治療結束後不到幾個月，這名患者就察覺左側鼠蹊部出現了一個腫塊。原來，癌症已經在她的左側腹股溝淋巴結復發。她再度接受手術移除那些淋巴結，還進行了九輪放射治療，這種療法是以強烈能量束來殺死癌細胞。

治療後，這名患者平安地度過了黑色素瘤沒有復發的幾年時光。後來，她發現左大腿後側出現異狀，以為那是靜脈曲張。起初，她認為沒什麼好擔心的，幾位醫師也都認為如此，但後來卻有超過四十個藍紫色瘀青狀病變，開始出現在她的中段軀幹。其中一處病變經組織切片檢查後，確定癌症已經擴散到她的皮膚。這項發現猛然將黑色素瘤的等級提升到第四期，也讓她的預後變得很差，只有15%到20%的患者能活超過五年。這是四年前的事了。

這名患者開始接受更多醫療處置，這些療法對某些患者很有幫助，然而，轉移型的黑色素瘤結節，仍繼續在她的全身各處冒出來，特別集中於臀部和女陰部位（圖1）。過去四年期間，她動了幾次小手術，移除了部分讓她感到疼痛的癌性病變（圖2）。

不過，她也被告知，由於她對治療都不再有反應，醫師對她的病況已經束手無策。

這名患者把接受診斷和治療的經歷，全程記錄下來，並在社群媒體上貼文，推廣患者對此病症的認識。她嘗試保持正向，卻也經歷掙扎，因為她還那麼年輕，還沒準備好面對死亡。她希望藉由分享自己的故事，會有更多患者在感覺有些不對勁之時，能鼓起勇氣為自己的身體奮鬥。黑色素瘤是這個年齡層的女性最大的癌症死亡主因。

RADIATION DERMATITIS 放射性皮膚炎

案例：50歲／加拿大・薩斯喀徹溫省雷吉納市

　　二年前，這名患者在一次淋浴後照鏡子梳頭髮時，發現自己的左乳皮膚上有個很淺的凹陷（窩痕）。她想起網路上有一篇乳癌提醒貼文，描述了患者發現的一些乳癌變化。起初她覺得那個凹陷無關緊要，卻一直想起那篇提醒文，於是決定跟醫師討論。

　　醫師在觸診檢查時，並沒有感覺到腫塊，但為了安全起見，便安排她做一次乳房X光攝影。

　　之後，她又做了一次超音波檢查，放射科醫師看出一個細小腫塊，於是安排她做活體組織切片檢查。結果證實她罹患了浸潤性乳管癌（invasive ductal carcinoma），也就是乳癌。

　　她接受手術，移除了左乳乳房腫塊，以及位於腋下的五個腋窩淋巴結。醫師在進行乳房腫塊切除術時，只會移除腫瘤及其周遭的一些正常組織，但會保留患者的乳房。

　　在患者的五個淋巴結中，有一個顯示癌症已經擴散的顯微證據。她不需要

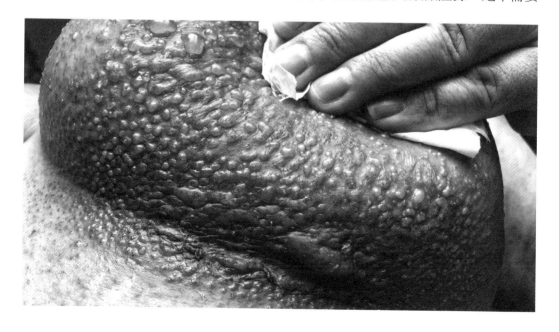

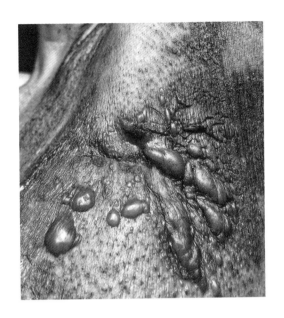

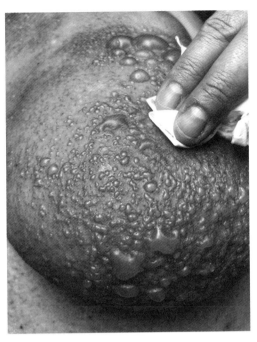

進行化學治療,但醫師建議她以放射線照射那片範圍。

　　放射線治療是以高能量射束瞄準病灶位置,在本案例是左乳。以放射線來殺死癌細胞的效果非常好,但很不幸,它在這個過程中也會殺死健康的細胞,有可能誘發皮膚刺激。有些患者會經歷少見的嚴重副作用,包括結疤、嚴重灼傷,以及在生命較後期發展出一種次生癌症。

　　這名患者在接受放射線照射後,皮膚幾乎立刻出現曬傷的情況。她繼續接受治療,皮膚的狀況也變得愈來愈差。大概在第十六次治療時,她的皮膚開始起水泡;第十八次治療時,她已經感到疼痛難忍,於是醫師停止放射線治療。

　　在多數情況下,患者的皮膚在治療停止之後會自行癒合。這名患者的皮膚癒合情況非常好,而且她也恢復完整的活動力,繼續和一位物理治療師合作(這類治療師會協助患者重新培養活動力和重建力量),來解決放射線治療誘發的腫脹和疤痕組織所造成的問題。

　　由於這名患者沒有乳癌家族病史,依照當地政府的作法,她必須年滿五十歲才能進行用來篩檢乳癌的乳房X光攝影。以本案例的情況,她所遇到的醫師在觸診的情況下都摸不到這顆腫瘤。她很感謝那篇乳癌提醒貼文,教育她了解皮膚凹窩,並拯救了她的性命。

TEETH 牙齒

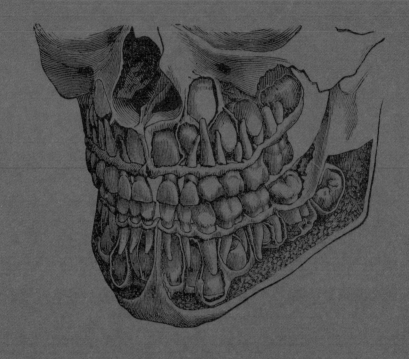

　　牙齒是人體不可或缺的組成部分，除了賦予我們代表性的微笑之外，牙齒還是消化系統的第一個部分。牙齒外面覆了一層稱為「琺瑯質」（enamel）的物質，這是人體內最堅硬的物質。人類天生就具乳齒及恆齒，嬰兒出生時便擁有二十顆乳齒（原生齒）緊貼於牙齦線（gumline）下方，以及至少三十二顆恆齒藏在那裡等著取代它們。

NATAL TEETH 胎生齒

這位母親發現自己的新生兒一出生就有牙齒，感到十分震撼！小兒科醫師也只在教科書上看過這種情形。那些牙齒十分鬆動，醫師擔心嬰兒會把牙齒吞進肚子裡，便將那名嬰兒轉介給一位兒童牙醫。

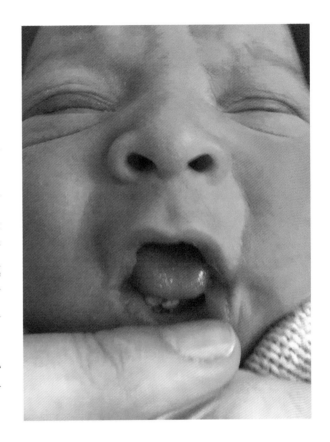

這位牙醫檢查了嬰兒的牙齒之後，告訴這位母親，她兒子長的是胎生齒，這是非常罕見的情況。胎生齒並不是真正的乳齒或原生齒；它是嬰兒出生時已經有的牙齒，但發育不完全，而且牙根很脆弱。

牙醫徒手就能拔下那些細小的牙齒。那名嬰兒往後應該不會出現任何連帶的潛在問題。

THROAT 咽喉

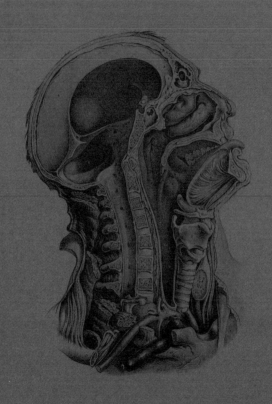

　　咽喉是呼吸系統及消化系統的組成部分。人類的咽喉是一個多功能管道，負責飲食、呼吸與說話。咽喉的背側包含了扁桃腺（tonsil）和腺樣體（adenoid），它們都是免疫系統的組成部分。扁桃腺的作用是一種濾器，目的在攔截人體吸入的殘屑、細菌和病毒。不幸的是，那條防線不見得總是能保護人體免於感染。咽喉的病理狀況有可能在人類出生以前就出現，也可能源自於生活環境中的後天患染。

GONORRHEA 淋病

◆

案例：18歲／美國・南達科他州蘇瀑市（Sioux Falls）

有一天，這名患者發現自己的咽喉背側出現一塊凸起（圖1），但她沒有多想。幾天後，她依約去找一位婦科醫師進行避孕療程。

依照例行程序，醫師在開立避孕藥之前，得先檢查她是否染上性病。她待在診間時，也請醫師檢視咽喉背側的那塊凸起物。醫師使用拭子在她的咽喉中採樣，並將樣本送往微生物學實驗室（專門做細菌、真菌等微生物檢測的實驗室），同時也為她做了其他性病檢查。

檢查結果送回時，醫師告訴她，她的咽喉中那個凸塊是感染淋病引起的，而淋病則是她在進行口交時感染的。

淋病是由細菌引起的性病，那種病菌稱為「淋病雙球菌」（*Neisseria gonorrhoeae*），透過未防護的陰道性交、肛交和口交來傳播。

這種細菌很容易以抗生素治癒。但如果沒有妥善治療，它會讓男女雙方出現嚴重的問題，包括不孕。由淋病感染引致的發炎，可能造成生殖系統結疤，導致精子或卵子無法順利結合。淋病也可能經由產道傳染給胎兒，從而引致嚴重缺陷，包括失明。

這種造成淋病的細菌還可能擴散到身體其他部位，包括關節，引發會疼痛的關節炎。

本案例的患者發現得早，已妥善接受治療，並將感染清除乾淨，未來應該不會再有任何併發症。

只要妥善使用保險套，就比較不容易染上淋病。但若要完全避免性病，唯一的辦法就是避免發生性行為。

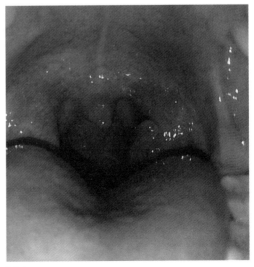

圖1

THYMUS 胸腺

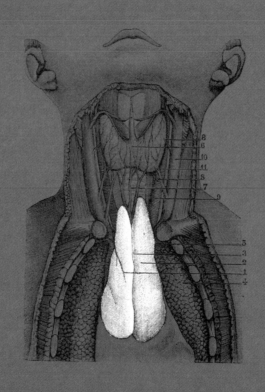

　　胸腺是一種非常大、非常凸顯的腺體，見於嬰兒和幼兒的胸腔，負責製造T細胞。T細胞又稱「T淋巴球」，是免疫系統的重要細胞，負責保護身體免於遭受細菌、病毒和癌細胞等異物侵襲。在青春期過後，胸腺完成了製造T細胞的使命，就會開始萎縮，最後整個腺體都會被脂肪取代。雖然胸腺到了成年期就已經萎縮，還是有可能出現病理狀況。胸腺的病理狀況可能導致嚴重的系統性症狀，並大幅影響患者的生活品質。

MYASTHENIA GRAVIS　重症肌無力

◆

案例：40歲／沙烏地阿拉伯・利雅德市（Riyadh）

約莫兩年前，這名患者開始出現身體不適的症狀，包括眼瞼下垂、氣管堵塞間歇性發作，以及全身虛軟。

這名患者去找一位神經科醫師（專門治療神經系統相關狀況的醫師），醫師對她的眼瞼做了一項特殊檢查：冰敷檢測（ice pack test）。檢測的結果是陽性，於是她由神經科加護病房收治，看能不能排除一種稱為「重症肌無力」的病症。當一股脈衝沿著神經傳到神經末梢，肌肉運動就開始進行。脈衝會刺激神經末梢釋出一種化學物質，在神經和肌肉之間傳遞訊息，接著，這種化學物質刺激肌肉開始活動。重症肌無力是一種自體免疫疾病，會生成自體抗體，對神經和肌肉之間的這種連結發動攻擊，使得肌肉無法收縮，而且很快就會感到疲倦。

冰敷檢測是一種特殊的非侵入性檢測，能分辨出重症肌無力和其他神經性病症。倘若患者出現眼瞼下垂症狀，神經科醫師就可以冰敷患者的眼瞼兩分鐘。如果患者有重症肌無力，下垂症狀就會消失，因為當肌肉纖維冷卻下來

時，身體就沒辦法阻斷神經和肌肉之間的連結。

這名患者在加護病房裡還做了其他檢查，確認了她的重症肌無力診斷結果。醫師開立處方藥物給她服用，但只能稍微紓解症狀。由於高達75%的重症肌無力患者，胸腺都有某種異常狀況（細胞數量增多，或是長腫瘤），因此，醫師建議動手術將她的胸腺切除，這種醫療處置稱為胸腺切除術（thymectomy）（圖1）。

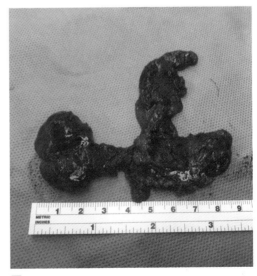

圖1

THYROID 甲狀腺

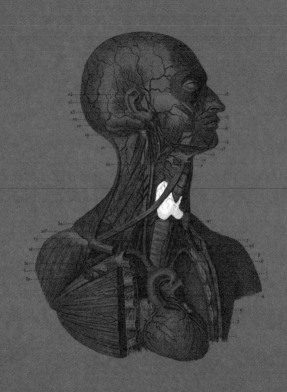

　　甲狀腺圍繞著氣管前側，是一個細小但重要的腺體。它的工作是分泌多種激素，從根本上調節身體的每一項機能。因此，當它的功能失常時，就會誘發許多症狀。在以藥物補足其功能的情況下，人類不需要甲狀腺也能生存。甲狀腺出現病理狀況時，可能引發全身症狀，以及頸部位置的局部症狀。

GOITER 甲狀腺腫大

◆

案例：28歲／美國・肯塔基州麥基市（McKee）

大約六年前，這名患者以為自己氣喘發作，於是趕緊就醫。醫師替她照了一次胸腔X光，希望能確認症狀的起因。這時，她才被告知有甲狀腺腫大的情況。

「甲狀腺腫大」是一種統稱，用來描述甲狀腺膨脹變大的狀況，其原因可能有很多種。有時，此腺體的腫大會導致甲狀腺激素的分泌出現變化，進而使患者全身表現出各種不同的症狀。有時，甲狀腺腫大可能會壓迫到局部結構。

隨著歲月流逝，這名患者的甲狀腺腫大開始導致愈來愈多症狀，包括體重增加、掉髮、疲倦和焦慮。然而，她的驗血結果卻顯示甲狀腺功能正常。她又做了一次超音波檢查，結果顯示腺體增大了。她的腺體組織經切片採樣並以顯微鏡觀察，看起來完全正常。由於檢查顯示她的甲狀腺正常，醫師並沒有替她做任何治療。

後來，她的症狀變得更嚴重，容易呼吸困難，也經常被食物嗆到。接著，她又出現一種令人憂心的症狀：莫名其妙地失去意識。這時，她去找一位內分泌科醫師（專精腺體和激素），才發現自己的病情已經很嚴重了。

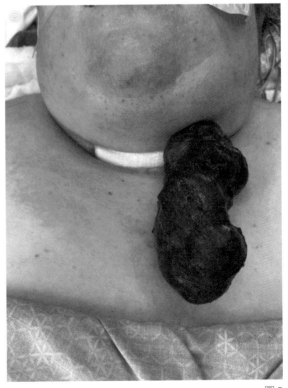

圖2

醫師安排這名患者做了另一次超音波檢查。然而，由於她的甲狀腺已經大幅腫脹，無法以超音波進行完整的檢查，她便接受了電腦斷層掃描，以利醫師更仔細地檢視。檢查結果讓醫師大感震驚。她的甲狀腺左半邊已經增長到局部包覆氣管的程度，還壓迫到主動脈（圖1）。她的氧氣供給被截斷了。

外科醫師決定，首先要嘗試移除較大的半邊甲狀腺。若是移除整個甲狀腺，患者終其一生都必須服用甲狀腺藥物。除非有生命危險而不得不那麼做，否則醫師不希望移除整個腺體。

手術很成功（圖2）。她的左半邊甲狀腺經病理部檢查，結果是良性的（圖3），因此不必再移除甲狀腺的其餘部分。

手術後，這名患者的呼吸狀況大幅改善，儘管如此，她卻覺得身體的狀況比手術前更糟，她的甲狀腺相關數值首次出現異常，整個人顯得很沒精神，也很容易疲倦。

醫師猜想，可能是甲狀腺較大的那葉腺體過度增長且勤奮運作，以至於抑制了較小的那葉腺體。這名患者開始服用甲狀腺藥物，期望有一天甲狀腺的另一葉會再次開始運作，到時她就可以停藥了。由於她的甲狀腺激素都已經用藥物控制，所以感覺好多了。

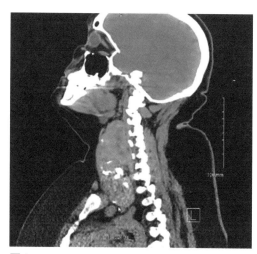

圖1

右頁：圖3

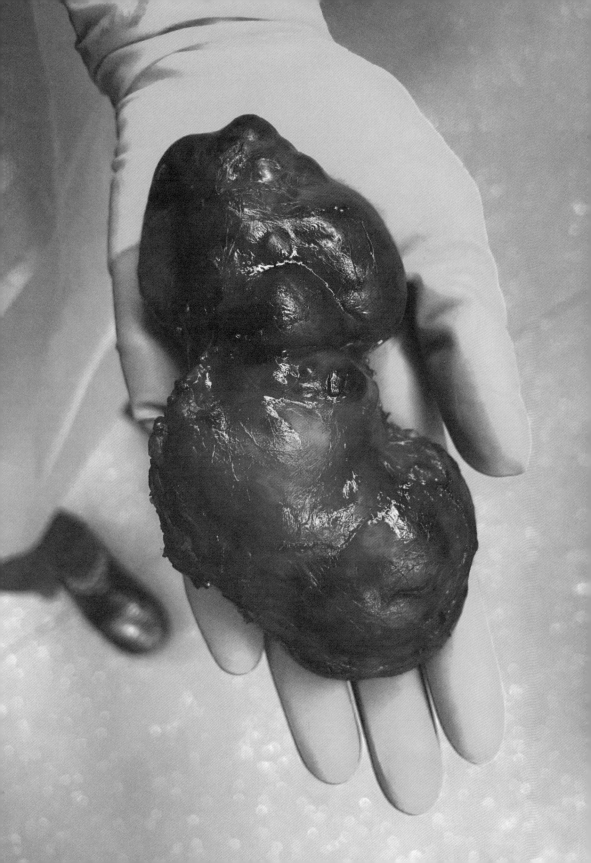

TONGUE 舌頭

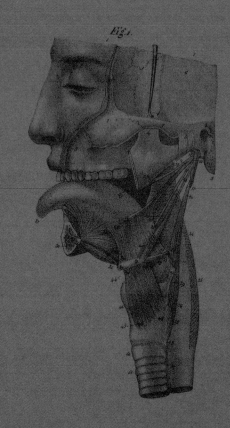

　　舌頭是由一群強健的肌肉構成，而且不同於人體的其他骨骼肌群，舌頭肌群的運作獨立於骨骼系統之外。由於進食對人類的存活來說是不可或缺的，因此舌頭表面長滿了好幾千個味蕾，這能發揮防護功能，確保吃下去的食物對人體無害。舌頭是消化道的重要組成，也是開口說話的必要部位，其病理狀況將會大幅影響患者的生活品質。

FISSURED TONGUE 裂溝舌

案例：30歲／澳洲・新南威爾斯州雪梨市

這名患者從小就發現自己的舌頭與眾不同，跟學校裡的其他孩子比起來，她的舌頭外觀相當異常，這是一種稱為「裂溝舌」的病變。正常舌頭的表面是扁平粗糙的，不過，大約有5%到10%的人，舌頭表面有很深的溝槽，稱為「裂溝」（fissure）。

裂溝舌可見於罹患症候群（例如唐氏症）的患者，不過，大多數案例的病變起因仍然不明。一般認為，舌頭的裂溝是良性的，而且，由於具有舌裂溝的人不在少數，有些科學家認為這或許是解剖結構的常態變異。

儘管這種病變是良性的，有些患者仍然會出現與裂溝舌相關的症狀。患者有可能因為食物卡在裂溝中，感到疼痛並發炎。不過，這名患者是因為某些特定食物，特別是檸檬、番茄或任何帶酸性的食物，才會感到疼痛。

裂溝舌沒有治療方法，建議患者在刷牙時特別把舌頭溝槽刷乾淨，清除那些會刺激舌頭的食物殘渣。

裂溝舌起因不明，常見於家族遺傳。不過，這名患者並沒有把這個特徵傳給下一代。

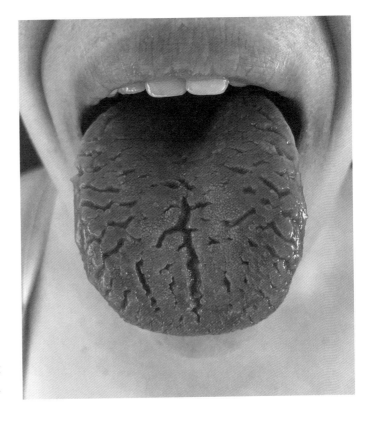

TRAUMA 創傷

案例：7歲／加拿大・薩斯喀徹溫省雷吉納市

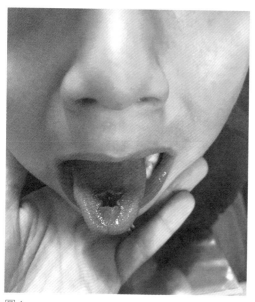

圖1

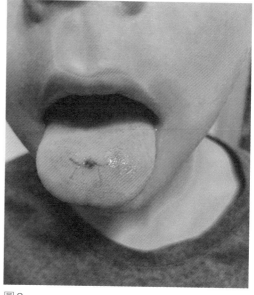

圖2

有一天，這名患者的母親要求孩子把洗好的衣物收起來，但他們卻決定先玩追逐遊戲，把乾淨的內衣套在頭上跑來跑去。然後，這名年僅六歲的患者就從樓梯上摔落，咬穿了自己的舌頭（圖1）。

這個傷痕看起來很深，還大量出血，於是母親立刻將他送醫。到了醫院後，醫師表示這種創傷不需要治療，而且傷口很快就會癒合。

患者的母親感到很驚訝，不敢相信這麼嚴重的傷勢竟然不需要治療。不過，她後來也見證了孩子的傷口不到一週就完全癒合了（圖2）。

口腔裡的傷口比其他組織癒合得更快，這是由於口腔內襯壁有非常密集的血管，但也因為血管較多，因此口腔內受傷時，出血情況才會那麼嚴重。持續流動的充氧血，有助於傷口快速癒合。此外，唾液還有抗菌和促進癒合的特性。難怪，這麼深的傷口在沒有介入治療的情況下，也可以迅速癒合。

PYOGENIC GRANULOMA 化膿性肉芽腫

◆

案例：29歲／加拿大・英屬哥倫比亞省喬治王子城（Prince George）

這名患者懷第一胎時，到了第三期（第十三週到第二十八週），發現自己的舌頭長了一塊凸起物。就醫後，醫師診斷為妊娠期間常見的良性腫瘤：化膿性肉芽腫。

化膿性肉芽腫是一種快速增長的脈管腫瘤，發生在皮膚或黏膜表面，任何年齡層的男性或女性都有可能罹患。這類腫瘤是良性的，並沒有惡化的隱憂；但它們也可能具有頑強的抗藥性。

目前已經確知，懷孕時期的荷爾蒙變化和口腔的化膿性肉芽腫的進程，具有直接的關聯性。當女性在懷孕期間，口腔內長出這類腫瘤，就稱為「妊娠肉芽腫」。

醫師擔心荷爾蒙會讓肉芽腫再度復發，因此不願意動刀，打算等到患者的孕期結束後再將腫瘤移除。不幸的是，接下來那幾週，患者口腔裡的腫瘤大幅增長，開始影響到日常生活的品質。

化膿性肉芽腫上密布血管，因此它們只要輕微受傷就很容易出血。有時就像進食這麼單純的事情，也會導致口腔裡的腫瘤不斷出血。這名患者到了懷孕後期時，就只能吃蔬果奶昔，而且得用湯匙小心翼翼地放進口中。

耳鼻喉科醫師建議她在分娩後幾週再接受手術移除腫塊，因為大量的懷孕荷爾蒙和哺乳會增加腫瘤再生的機率。

這名患者在分娩後的兩個月內，接受手術移除了腫塊，傷口癒合良好，從此再也沒有經歷其他併發症。

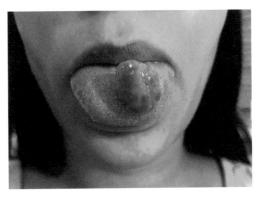

UTERUS 子宮

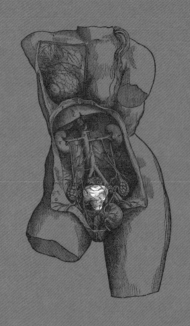

　　子宮是女性生殖系統中的小型中空器官，其結構設計是為了供胎兒容身。子宮壁是以平滑肌構成，因此無法以意識控制。子宮可以擴撐變大，以容納成長中的胎兒，接著又能縮回原來的尺寸。每個月，子宮的襯壁，也就是子宮內膜（endometrium），都會增生，創造出供受精卵著床的理想環境。倘若沒有受孕，子宮便會透過收縮，把襯壁從陰道排出，這就是月經週期。子宮的病理狀況可能在女性出生之前就開始，也可能在生命期間的後天生成。這個小巧的器官，有可能在患者的一生中發生重大的問題。

FIBROIDS 子宮肌瘤

◆

案例：42歲／美國・依利諾州芝加哥市

約莫四年前，這名患者去做定期婦科檢查時，醫師察覺她的恥骨上方有一個堅硬的團塊。她接受了超音波檢查，經醫師診斷患有子宮肌瘤。

子宮肌瘤又稱為「平滑肌瘤」（leiomyomas），是常見的子宮良性腫瘤，產生自子宮肌肉壁的細胞。這類腫瘤的症狀各不相同，從輕微到嚴重，端視它們的尺寸和位置而定。某些案例的子宮肌瘤可能很小，只會帶來最輕微的問題，但在其他情況下，腫瘤可能增長並引致嚴重疼痛、出血和受孕問題。

醫師告訴這名患者，子宮肌瘤不會造成什麼大礙，然而，她的情況並非如此。往後一年間，骨盆內的團塊愈來愈大。她還注意到，經期的出血量變得更多，而且在性交之後也會出血。她最終還是決定徵詢其他醫師的意見。新的醫師安排她做超音波檢查，來判定子宮肌瘤的尺寸。後來，她得知有必要做子宮切除術（hysterectomy）。

子宮切除術是將整個子宮切除，對某些人來講，這項手術是個恩典，然而，對於其他打算生兒育女的患者來說，這簡直是晴天霹靂。

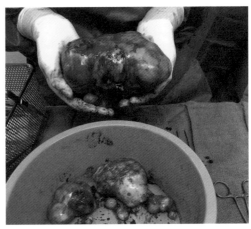

圖1

所幸，當醫師評估她的子宮肌瘤的位置時，發現可以只切除腫瘤，並保留子宮。這讓她在未來可以選擇是否要懷孕。後來，醫師總共從她的子宮移除了十顆子宮肌瘤（圖1）。

那些肌瘤被送往病理科檢驗，因為平滑肌瘤在罕見的情況下有可能是惡性（癌性）的。不過，本案例的肌瘤都是良性的。

這名患者在接受手術後，經期出血量依然很多，但性交之後不再出血了。醫師告訴她，往後她若懷孕了，就必須安排剖腹產，以避免發生與肌瘤移除手術有關的潛在併發症。

UTERINE DIDELPHYS 雙子宮畸形

案例：45歲／美國・喬治亞州梅肯市郡（Macon）

這名患者到了十七歲時，身體還沒有發育完全，儘管已經出現一些變化，卻始終沒有月經。父母帶她去醫院，經過多次檢查，醫師確定她的雌激素濃度過低。

雌激素是由卵巢產生的荷爾蒙，也是負責月經週期的首要荷爾蒙。這名患者的卵巢因不明原因而無法產生足量的雌激素，醫師安排她接受「荷爾蒙補充療法」（HRT）來啟動她的月經週期，果然奏效了。

但在月經來潮之後，患者歷經的週期很快就變得痛苦，總是伴隨劇烈絞痛和大量出血。直到二十四歲那年，她才去找婦科醫師做第一次骨盆檢查，以處理這些症狀。當時，那位醫師表示，她的陰道有一個先天性隔膜，稱為「陰道隔」（vaginal septum），建議她做超音波檢查，並開立口服避孕藥給她，以控制出血和舒緩疼痛。

陰道隔是一種女性生殖道病變，肇因於胎兒期沒有妥善發育，其結果是陰道局部或完全一分為二。這種狀況可能導致月經期間從子宮流出的經血阻塞，進而引發劇烈腹痛，此外，也會讓性行為變得極度不適。

那時，她決定先不做超音波檢查，等準備好要懷孕時再說。她繼續服用避孕藥數年，這讓月經帶來的劇烈絞痛和大量出血受到控制。到了她四十一歲時，大量出血和絞痛的情況又出現了。

她去找婦科醫師評估症狀，得知了確實控制大量出血和絞痛的其他選項，也就是進行消融術（ablation）或子宮切除術。

子宮切除術是將整個子宮摘除，能徹底治癒子宮絞痛和大量出血的情況，不過這是一項重大手術，可能會出現併發症；另一種較不具侵入性的醫療處置是子宮消融術，這也是一個替代選項。醫師在進行這種手術時，會將消融工具放入陰道，基本上就是把子宮內膜燒掉。這種醫療處置不必動用手術刀，所需的休養期也比較短。在某些情況下，這種處置可以消除或減輕患者的症狀。

在這名患者做出決定之前，醫師安排她做一次超音波檢查，找出是否有導致大量出血和絞痛的明顯原因。令人驚

訝的是，起因很明顯：她有兩個子宮，這種情況稱為「雙子宮畸形」（uterine didelphys）（圖1）。

女性胎兒在發育時，生殖道一開始是兩條管子。隨著胎兒成長發育，這兩條管子通常會結合並形成一個子宮、一條子宮頸和一條陰道。倘若這兩條管子沒有妥善結合，女性生殖道就有可能出現種種結構異常，例如雙子宮畸形。具有雙子宮的患者，也會有雙子宮頸和雙

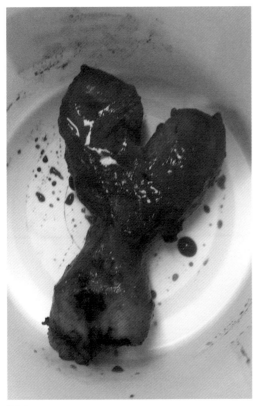

圖1

陰道。

天生具有雙子宮畸形的患者，仍有可能懷孕，主要取決於這種缺陷的嚴重程度，但還是有較高的流產風險。這種結構缺陷會在患者的生活中引發嚴重症狀，特別是疼痛和大量出血。對於部分患者來說，月經出血可能是一項挑戰。具有兩個子宮意味著可能有兩次的月經週期（當子宮內膜剝落的時間不同步時），經血會分別從兩個子宮排出，再從兩條陰道流出。這類患者也不方便使用衛生棉條，因為安置於陰道一側的衛生棉條，無法阻擋另一側的出血。

雙子宮畸形的治療方法，可能是以藥物控制，或是動手術將子宮摘除。由於藥物對這名患者不再有效，而且她也不打算生育，於是選擇子宮切除術。

醫師將她的雙子宮成功摘除，並治癒了症狀，預料這名患者未來不會再有任何與雙子宮畸形相關的併發症。

醫師認為，她的雙子宮畸形就是終身婦科病症的起因。這名患者在二十四歲時，經診斷有陰道隔將她的陰道局部一分為二。當初發現這種狀況時，醫師建議她做超音波檢查來深入探究，但她拒絕了。倘若當時她做了超音波檢查，就可以避開困擾多年的疼痛。

VAGINA 陰道

Fig. 3

陰道是體內的一條肌肉管，從陰部延伸至子宮。這條管道是女性生殖道的一部分，其結構是為了性交而設計；它也是分娩的產道及排出經血的通道。陰道的病理狀況有可能會造成疼痛，並影響患者的生活品質及性生活。

EPISIOTOMY / INFECTION 會陰切開術／感染

案例：31歲／美國‧猶他州史普林維爾市（Springville）

這名產婦熬了艱辛的三十個小時，強忍陣痛，嘗試在家中分娩。由於她的陣痛頻率毫無進展，助產士（專門處理產婦陣痛與分娩的照護員）決定將她送到醫院繼續分娩。產婦抵達醫院後，陣痛又持續了八個小時，醫師在經過兩個小時的推擠後，決定替她進行會陰切開術。

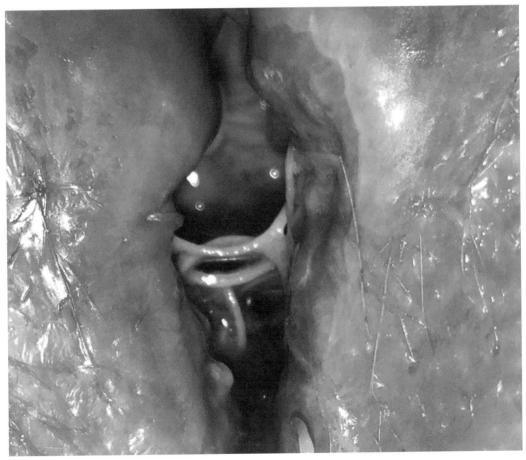

圖1

會陰切開術是在陰道口和肛門之間的皮膚部位切出開口，這道開口能撐開產道，讓嬰兒比較容易通過。

倘若不做會陰切開術，這個部位的皮膚可能會被撐裂，稱為「陰道撕裂傷」。以往認為，為產婦進行會陰切開術比較好，但現今的醫學研究指出，做會陰切開術的產婦會有較多併發症，特別是感染。如今，偶爾還是會進行這種醫療處置，特別是自然分娩出現困難的情況。

那位醫師替這名產婦所做的會陰切開術不算成功，導致陰道出現明顯的撕裂傷。陰道撕裂依嚴重程度分為四個等級，第四級撕裂是最嚴重的。四級撕裂是從陰道開口到直腸的撕裂傷。這名產婦則是二級／瀕臨三級撕裂，牽連到她的陰道口、會陰部位皮膚和肌肉，以及一部分的肛門括約肌。

這名產婦的切口和撕裂傷口都在分娩後縫合。那時候，她的陰唇和會陰都呈現嚴重腫脹，而且她自己也無法清楚檢視陰部。分娩後隔了幾天，腫脹消退了，她才發現縫線鬆脫且傷口迸裂（圖1），還流出一種淡紅色的惡臭液體。

在生產後五天，這名產婦去看婦產科醫師，被告知她的會陰切開術／撕裂傷受到感染（圖2）。那位醫師不確定為什麼縫合處會迸裂，但他們決定不再重新縫合，讓縫合線留在原處，並告訴她，縫線最終會自行分解。她只拿到口服抗生素；醫師表示，傷口或許會自行癒合。

抗生素消除了感染；然而，傷口依然很大，縫線也沒有分解。大約兩週後，助產士才替她拆除那些縫線。

十三個月後，這名患者發現傷處依然有明顯的傷疤組織，陰道口比懷孕前大了許多，也讓她受到一些併發症折騰，包括性交疼痛、間歇性發癢，還有控制不了的陰道排氣（vaginal flatulence）。

右頁：圖2

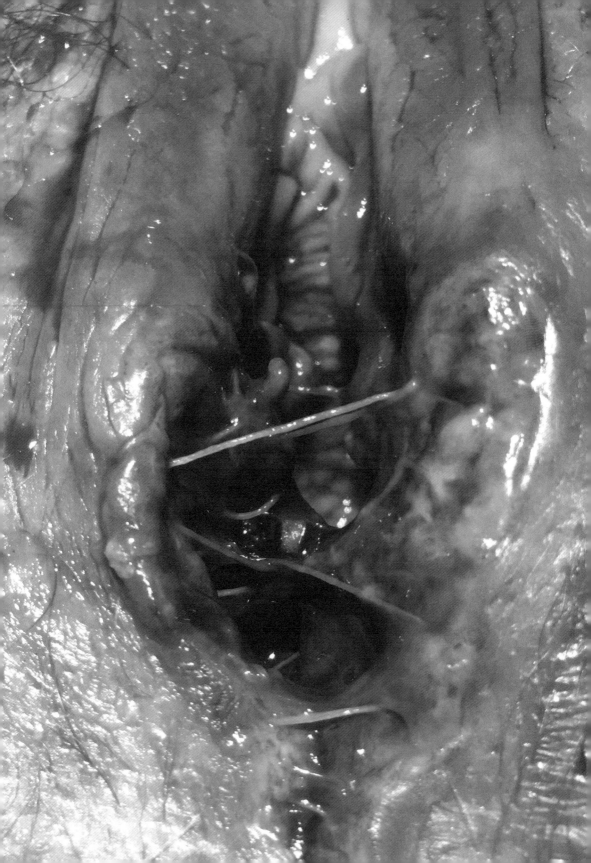

VULVA 女陰

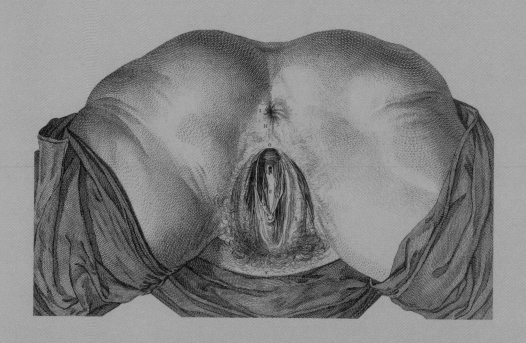

　　女陰是女性生殖道的外側部位，具有許多組成，包括尿道口和陰道口。這兩處開口都由陰唇這種皮膚皺襞防護。尿道口的正上方是陰蒂，裡面的神經末梢數量超過身體的其他部位，甚至比陰莖還多！患者可能天生就有女陰病理狀況，或者是在後天感染。病理狀況會導致患者疼痛，還會成為某些困窘的根源。

VULVAR INTRAEPITHELIAL NEOPLASIA
外陰上皮癌前病變

案例：32歲／英國・南漢普郡南安普敦城（Southampton）

這名患者在兩年前發現自己的陰唇皮膚上有一塊平滑的棕色斑塊，雖然不以為意，但還是去看診。醫師把她轉介給一位婦科醫師。那位醫師認為那可能是痣或一條曲張的靜脈，但為了保險起見，還是做了組織切片採樣。

檢查結果讓她和醫師都很驚訝。她的陰唇上那個看起來無害的斑塊，是個大問題，那是一種外陰上皮癌前病變（VIN）。

這種發生在陰部皮膚的病變，有時會自行消失，但醫療處理依然很重要。倘若細胞在一段期間內持續改變，可能會發展為癌症。

目前所知，外陰上皮癌前病變的發展與人類乳突病毒（HPV）感染相關。此外，還有吸菸和免疫抑制等其他因素，也都與這類病變相關。

這名患者有類風濕性關節

炎這種自體免疫疾病。患有自體免疫疾病這件事本身，並不會讓人出現免疫抑制的狀況，但治療這類疾患的藥物卻會抑制免疫系統，也可能導致患者的免疫

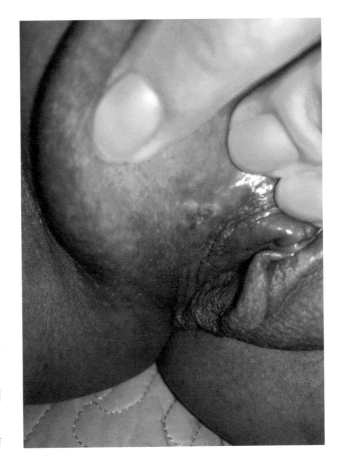

系統功能減弱。醫師猜想，這就是她罹患外陰上皮癌前病變的原因。

　　婦科醫師建議她動手術移除病變組織。不幸的是，患者在麻醉之後不到幾分鐘，就陷入過敏性休克，也就是對藥物產生嚴重過敏，這讓她在加護病房裡待了好幾天。她太虛弱，無法接受手術，醫師只好把手術延後幾個月。

　　最後，她再度接受外科手術。醫師將外陰上皮癌前病變相關組織成功切除了，不僅移除了病變，也把周圍一圈的健康組織切除，以確保所有癌前期組織全都移除乾淨。她的病變組織送到病理部檢驗，診斷為外陰上皮癌前病變第三期（VIN3），這是一種高等級病變，已經進展到即將變成癌症。由於患者在癌前期階段及時發現這種病變，也將它成功移除，未來只要持續追蹤，應該不會再出現任何併發症。

WOMB 懷胎的子宮

　　子宮的定義是：位於雌性哺乳動物下半身，提供卵子受孕並
孕育胎兒直至分娩的器官，英文以 "uterus" 指稱子宮這個中空
器官，而 "womb" 則是指懷胎的子宮。懷胎的子宮會在妊娠期
間經歷一連串重大變化，妊娠期通常為四十週。許多妊娠都不會
按照預定程序進行，在過程中也可能發生許多問題。有些病理狀
況對妊娠沒有影響，但有些可能對胎兒和母體的生命造成危害。

HEMORRHAGIC SHOCK 失血性休克

案例：30歲／英國・北安普敦郡科比市（Corby）

這名患者第四次懷孕時，在孕期第十一週出現輕微出血。她被安排進行做超音波檢查，得知胎兒已經沒有心跳。看起來，胎兒大約在孕期第六週就停止成長，醫師診斷為「過期流產」（missed abortion），也就是腹中胎兒已經死亡，但還未被排出的流產。

過期流產的定義是：孕期不到二十週就自然終止的妊娠，但妊娠組織還沒有從子宮排出。

患者可以選擇讓死胎自然排出，或是藉助藥物催生。只要將藥物置入陰道，其藥效就可以引起子宮收縮，使其排出妊娠組織。這名患者得知流產，非常傷心，決定讓死胎自然排出。在多數情況下，妊娠組織最終都會自行排出。

在得知自己流產的兩天後，這名患者在家裡開始出現

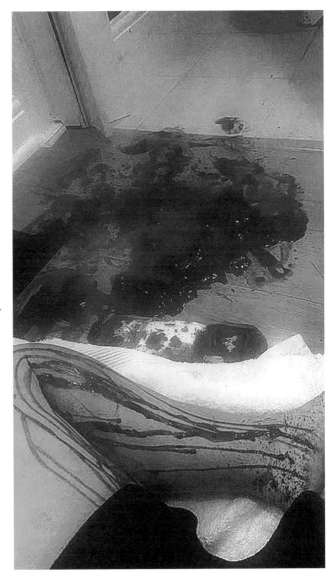

每隔三分鐘的劇烈宮縮，隨後就大量出血。血液從下體急速湧出，她知道不對勁，決定拍下大失血的情況。但拍照後不久，她便失去了意識。

隨後，家人將她緊急送醫，接受靜脈注射。醫師從她的陰道中取出大量血塊，但出血情況並沒有停止。這時，醫師決定為她進行一種稱為「手動真空抽吸」（manual vacuum aspiration, MVA）的醫療處置。這種處置是使用抽吸工具從子宮吸除流產時尚未排出的其餘組織。她還得接受兩次輸血來補充流失的血量。

醫師說明她的狀況是失血性休克，並估計她流失的血量超過了全身總血量的四成。失血性休克是體內器官由於大量失血而無法獲得足夠氧氣的狀況，對於這種有生命危險的緊急狀況，若不迅速處理，患者就會死亡。

這名患者原本是一個充滿活力、健康又強壯的三十歲女性，現在卻變得虛弱無力。她很容易思緒混亂，記憶力變差，還頻繁出現偏頭痛症狀。大出血造成了貧血，讓血液中沒有足夠的健康紅血球來供氧。醫師預估，這名患者的身體需要幾週到幾個月才能自行修復，到時候才會感覺開始恢復原狀。

AMNIOTIC BAND SYNDROME 羊膜帶症候群

案例：50歲／美國・猶他州布里格姆城（Brigham City）

這名患者在出生後，母親馬上發現他的嘴唇和手指頭看起來很不一樣。在看了幾位醫師之後，患者被診斷為患有「羊膜帶症候群」（amniotic band syndrome）。

胎兒在妊娠期間待在胎盤的羊膜囊內，並由一種稱為「羊水」（amniotic fluid）的液體包覆。羊膜囊分為內、外兩層，內層稱為「羊膜」（amnion）。

在某些情況下，羊膜可能受損，導致部分薄膜撕裂成條狀，就成了羊膜帶。這條帶子可能會纏繞胎兒身體的某個部位並阻礙其循環。在某些情況下，羊膜帶造成的損害微乎其微。一旦它對胎兒造成全身性損傷，這種狀況就稱為「羊膜帶症候群」。

在某些案例中，羊膜帶造成的損傷會導致嚴重的併發症，包括截肢和唇裂

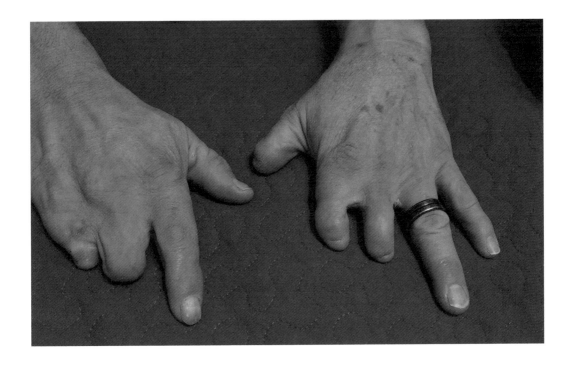

／腭裂等臉頰損傷。在罕見情況下，羊膜帶會壓迫到臍帶並導致胎兒死亡。

在五十幾年前，羊膜帶症候群還無法在母體懷孕時透過檢查得知。就算到了今天，這種狀況也很難以超音波來診斷。在某些情況下，羊膜帶可以在超音波檢查時發現，但通常都是在嬰兒出生以後才被發現。

在那位醫師診斷之後，這名患者又被母親帶去找好幾位專科醫師，他們建議將受損的手指截除，但患者的母親強力反對，最終證明，這是對他成年以後的最佳決定。

這名患者已經與羊膜帶症候群和平共處了五十年，生活正常，工作也不受影響。不過，他確實得面對一些挑戰，最大的問題是多數人視為平常的穿戴手套這件事，由於他買不到匹配雙手結構的工作手套，只能自己改造。他將皮手套買回來後，就會把對應於受損手指的指套剪除一部分，再重新縫合。

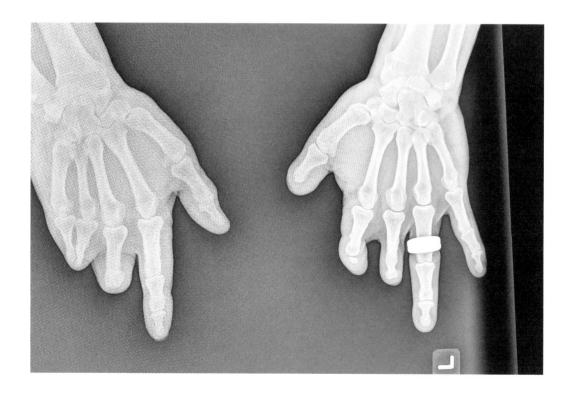

X & Y

X & Y CHROMOSOMES
X和Y染色體

X　Y

　　染色體是人體細胞中DNA的結構，也是它讓每個人成為獨一無二的個體。核型（karyotype）是一個人的染色體集合。多數人的典型核型總共有四十六條染色體，等於二十三對。其中，二十三條染色體來自父親，二十三條染色體來自母親。從雙親各別獲得的染色體會匹配成對，共同組成二十三對染色體。這些染色體對在多數人體內是相同的。多數情況下，第二十三對將人類區分為男、女兩個性別。出生時為女性的嬰兒，具有兩條X染色體；出生時為男性的嬰兒，則具有一條X染色體和一條Y染色體。由於這些染色體決定孩子誕生時的生物性別，因此稱為「性染色體」（sex chromosomes）。有時，孩子會有染色體不足或過多的情況。事實上，每一百五十名嬰兒裡，就有一名出現染色體異常。根據哪條（些）染色體的增減，決定了嬰兒出生時的症狀嚴重程度。有些症狀很輕微，有些則嚴重到危及生命。

KLINEFELTER SYNDROME 克林菲特症候群

◆

案例：9歲／美國・佛羅里達州邁阿密市

在這個孩子兩歲時，父母便發現他有發育遲緩的問題。他們詢問醫師，醫師也同意這個看法，但是說不出原因，似乎也不打算深入探究。他的父母深感不滿，於是開始自行研究。他們的努力促成了額外檢查，還要求針對某些情況進行更多血液檢查。這個男孩直到八歲時才被正式診斷為48,XXYY，這是克林菲特症候群的一種變異型，見於男性的一類染色體狀況，患者天生就多了一條X和一條Y的染色體。

48,XXYY並非出自遺傳，而是一種隨機狀態，發生於兩個性細胞的其中之一：卵子或精子（通常是精子）。多數情況下，生下一個帶有48,XXYY的孩子，是因為精子的染色體過多。當具有過多染色體的精細胞和卵子結合，並開始分裂形成胎兒，其結果就是胎兒本身也會有過多染色體。通常，每個人都有四十六條染色體，但由於這些父母有一條額外的X染色體和一條額外的Y染色體，他們便有四十八條染色體。

這種症候群有可能導致多種醫學和行為問題。儘管這名患者的預期壽命是正常的，仍得面對一些挑戰。

48,XXYY克林菲特症候群會干擾男性的性器官發育。這類患者的睪固酮產量非常低，而且睪丸尺寸很小，並未發育正常。

睪固酮是負責男性第二性徵之發育的荷爾蒙。通常，男性睪丸在青春期時開始發育。睪固酮會增多並導致身體出現變化，包括體毛變多和肌肉張力增強，嗓音變得低沉，還有精子的生產。

48,XXYY患者由於青春期缺乏睪固酮，身上的體毛稀少，肌肉張力較弱，而且乳房會變大（即男性女乳症）。此外，這類患者無法製造精子，因此是不孕的。

48,XXYY患者的身高往往比一般男性高。除了低睪固酮的影響之外，他們還會出現其他醫學問題，包括過敏、牙齒問題、心臟缺陷和脈管系統的問題。

這類患者的智商也比較低，具有學習障礙和行為問題。基於這名患者的狀況，他需要言語治療，也必須接受特殊教育。此外，他還有注意力不足過動症

（ADHD）的問題，其典型症狀是過動和無法保持專注。

由於他才九歲，尚未進入青春期，目前還看不出這種克林菲特症候群變異型的真正症狀。根據他父母的描述，他是一個討人喜歡的男孩，跟年紀較小的孩童相處得最好，他特別喜歡與其他學習障礙兒交流。

ZYGOMATIC 顴骨

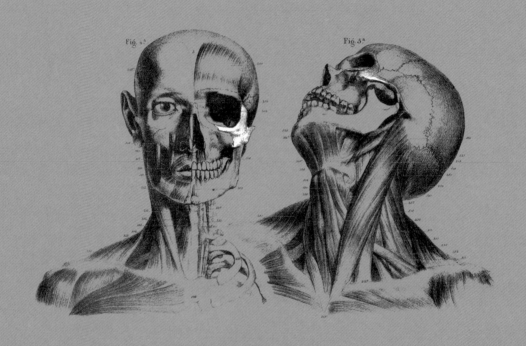

　　顴骨是頭顱骨的一部分，又稱為「頰骨」（cheekbone），構成眼眶（眼窩）下部。這是臉頰最突出的骨骼，因此很容易出現病理狀況。

FRACTURE 骨折

多年來，這名患者由於同性戀的身分一直遭到霸凌。十二歲時，他在校車上被一個較年長的學童取笑，然後，就在他下車時，那個孩子抓住他的背包帶子，把他推到地上，接著，還用穿著厚重工作靴的腳踩踏他的頭，直到他失去意識。所幸，校車司機當場制止接下來的攻擊。

隨後，校方將這名患者送醫治療。他的臉部異常腫脹且疼痛不堪，院方安排替他做電腦斷層掃描，醫師診斷他有腦震盪。

腦震盪是一種嚴重的創傷性頭部損傷。當患者經歷頭部創傷時，大腦可能在顱骨內來回碰撞並導致受損。一般來說，腦震盪不算是危及性命的頭部損傷；不過，這種創傷可能會損害腦細胞，造成終身併發症，特別是當患者的頭部在日常生活中又遭受一次撞擊的情況。因此，很重要的是，這些患者必須避開高風險活動。就本案例而言，這名患者最好別再玩美式足球。

除了創傷性腦損傷之外，他還被診斷有顴骨骨折。顴骨又稱為「頰骨」，當頭部或臉部受創時，由於顴骨是顏骨最凸顯的骨骼，也最容易受傷。

醫師並未治療這名患者的傷勢，只是囑咐他多休息，後來傷勢也痊癒了，並未出現任何併發症。患者及其家人對那個施暴的孩子提起訴訟，結果發現這不是他的第一次犯行。由於施暴者在攻擊時尚未成年，僅收到限制令，並被判處緩刑，必須進行社區服務及接受心理諮商。

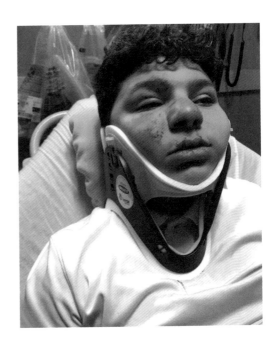

索引

致謝詞

這些年來，我的成就歸功於家人們的共同努力。首先是我的父母——貝絲（Beth）和路（Lou），手足安妮（Annie）和路易（Louie），外甥女迪安娜（Deanna），以及我的天賜貴人——養祖父母瓊和喬・法雷（Joan and Joe Farley）。沒有他們的協助，我永遠沒辦法熬過身為未成年單親媽媽成長歷程的一切艱苦，以及進修學士和碩士課程期間的嚴格日程安排。

丈夫加百列（Gabriel）是我的保鑣和知己，他始終帶給我力量、忠誠、動機、理性、理念和無條件的愛。我很自豪地說，我是他的妻子（唯一例外是當他蓄留著令人毛骨悚然的小鬍子時）。

我的大女兒瑪麗亞，如今已經二十七歲了，充滿毅力及組織能力的她，促成這本書開花結果。儘管她為我工作，家人們都知道她才是老闆。她的力量和愛，已經引領我熬過許多艱難時期，那只會讓我們更堅強。我引頸期盼著家庭和事業的未來。

我的二女兒莉蓮（Lillian）現今八歲，她要我在書中感謝她提供的所有好點子，也要提到她是我最愛的女兒。莉蓮對於疾病很感興趣，對我的專業也非常好奇。而我的七歲小女兒露西亞（Lucia）也要我提到她才是我最愛的女兒。露西亞是個喜劇天才，總能逗我發笑，特別在我壓力沉重的時刻。

這裡要向柯沃提爾利（Qualtieri）夫妻——我最愛的公公和婆婆致上深深的愛，還有我的小姑和亞布隆斯基斯（Jablonskis）。安息吧，我的外祖父母。

專業領域的致謝詞

許多人在我的事業生涯曾經提供協助，不過，我在這裡要介紹幾位對我影響最深的人士。

暱稱「藍鋼」的約翰・法伯（John "Blue Steel" Farber）醫師，激發了我對病理學的熱愛。若我必須挑出一個對我的事業影響最深的人士，那就是他。雖然我們一起工作只有幾年，不過，他對病理學的熱情非常有感染力。我妥善運用了那段時間，把他的學問吸收進來。法伯七十歲生日時，我在手上刺了「藍鋼」這個綽號的刺青。法伯醫師永遠是我的楷模。

麗塔・康奈利（Rita Connelly）教授介紹我認識了科學、顯微鏡和醫學實驗室。1999年，當我進入她的班級時，還是一個迷失的青少年。她幫助我找到人生目的。我對教育的愛，都得歸功於她。

我的驗屍導師

◆

喬伊·迪瑞恩茲（Joey DiRienzi）認為，我是他教過的病理學學生當中，最會搗亂的一個，大概是因為我把屍體的血噴到了太平間的天花板。儘管他的清理技術沒能讓我留下深刻印象，不過他的驗屍本領倒是讓我相當佩服。如今，我驗屍的表現依然博得讚揚，這一切都得歸功於他。我不在他門下受教已經有許多年了，不過，我每年生日時，第一封祝賀信都是他寄的，我們永遠維持著一種特殊的師生關係。

伊果·齊姆伯格（Igor Tsimberg）把我推出舒適圈，凡是挑戰年輕女性的體能極限，從事繁重的體力操作而必須展現力量時，他都不准我提出任何藉口。由於伊果，我成為鋸骨專家，還能閉著眼睛取出屍體的腦子！是的，真的有個名叫伊果的病理學助理在太平間工作。

法蘭克·佩尼克（Frank Penick）不只是我的驗屍導師和搭檔，他還是我的摯友和楷模。他是百折不撓的好榜樣，我永遠珍惜他的教誨，以及我們一邊切割大體一邊聆聽史提夫·汪達（Stevie Wonder）的歌曲，一起度過的那段時光。

蓋瑞·柯林斯（Gary J. Collins）醫師是我此生見過最酷的人之一。他樂觀積極又風趣。我參加他的講座時，對他的風采深深著迷。我永遠忘不了，柯林斯醫師認為我已經做好準備，可以獨立驗屍的那一天。我打開屍袋，那具大體是綠色的，而且身軀腫脹，渾身爬滿了蛆。我很緊張，不過他一步步引導我，建立我的信心。倘若你有機會問他，與妮可·安潔米共事的情況，他可能不知道我的本名，因為他都叫我瑪麗莎·托梅（Marisa Tomei）。

感謝以下的同儕作家和朋友，他們給我無數的支持和引導，帶著我寫出第一本書。

琳賽·費查里斯（Lindsay Fitzharris）博士
保羅·庫杜納里斯（Paul Koudounaris）博士
這裡要特別對彼得·麥丘（Peter McCue）醫師大聲呼喊：謝謝你試圖摧毀我！你的軟弱帶給我力量！

這裡要向我的出版商亞伯拉姆斯圖書公司（Abrams Books）致上謝意，特別是魯道夫·拉徹（Rodolphe Lachat）和雷根·密斯（Regan Mies），感謝他們冒險接受這本書，並支持我的藝術願景。

我還要謝謝我的朋友，他們在我撰寫本書期間被我忽略了兩年。特別是安妮特（Annette）、克莉絲珀（Krisper）、蘿拉（Laura）、安德莉亞（Andrea）、瑪莉亞（不是我女兒）、CW、麗塔（Rita）和琳恩（Lynn）。感謝你們支持並理解我的瘋狂。愛你們大家！

感謝珍·佳德（Jen Garde）如此關注我的事業和我們的友誼。沒有她的支持，我會迷失方向。

特別感謝肯·佩恩（Ken Penn）為我提供作者肖像。

安息吧，潔西·米勒（Jessie Miele）。妳是第一位對我的驗屍論述感到興奮又樂意傾聽的非醫界人士。我知道妳會把這本書和妳的其他古怪事物一起陳列在顯眼的地方。我想念妳的咯咯笑聲。

若沒有本書介紹的所有患者的貢獻，這本書是不可能完成的。謝謝你們信任我，讓我講述你們的故事，並允許我拿你們在病理方面的個人經驗來與世界分享。若想更深入認識解剖學的故事，請前往www.theduramater.com。

妮可病理解剖書：一本病變影像實錄，還有關於切開後的那些故事……

作　　者──妮可・安潔米（Nicole Angemi）　　　發 行 人──蘇拾平
譯　　者──蔡承志　　　　　　　　　　　　　　總 編 輯──蘇拾平
特約編輯──洪禎璐　　　　　　　　　　　　　　編 輯 部──王曉瑩
　　　　　　　　　　　　　　　　　　　　　　　行 銷 部──陳詩婷、曾志傑、蔡佳妘、廖倚萱
　　　　　　　　　　　　　　　　　　　　　　　業 務 部──王綬晨、邱紹溢、劉文雅

出版社──本事出版
　　　　台北市松山區復興北路333號11樓之4
　　　　電話：(02) 2718-2001　傳真：(02) 2718-1258
　　　　E-mail：motifpress@andbooks.com.tw
發　　行──大雁文化事業股份有限公司
　　　　地址：台北市松山區復興北路333號11樓之4
　　　　電話：(02) 2718-2001
　　　　傳真：(02) 2718-1258
　　　　E-mail：andbooks@andbooks.com.tw
封面設計──COPY
內頁排版──陳瑜安工作室
印　　刷──上晴彩色印刷製版有限公司
2023 年 06 月初版
定價　台幣800元

Copyright © 2022 Nicole Angemi
First published in the English language in 2022
By Cernunnos, an imprint of ABRAMS, New York
ORIGINAL ENGLISH TITLE: NICOLE ANGEMI'S ANATOMY BOOK
(All rights reserved in all countries by Harry N. Abrams, Inc.)
This edition is published by arrangement with Harry N. Abrams Inc.
through Andrew Nurnberg Associates International Limited.

缺頁或破損請寄回更換
歡迎光臨大雁出版基地官網 www.andbooks.com.tw 訂閱電子報並填寫回函卡

國家圖書館出版品預行編目資料

妮可病理解剖書：一本病變影像實錄，還有關於切開後的那些故事……
妮可・安潔米（Nicole Angemi）／著　蔡承志／譯
──.初版.── 臺北市；本事出版：大雁文化發行，2023年06月
面　；　公分. –
譯自：NICOLE ANGEMI'S ANATOMY BOOK：A Catalog of Familiar, Rare,
　　　and Unusual Pathologies
ISBN　978-626-7074-44-2（平裝）
1. CST: 人體解剖學　2. CST: 病理學　3. CST: 通俗作品
394　　　　　　　　　　　　　　　　112004090